吃不胖的秘密——瘦身菜

Chibupang De mimi

主编／潘胜林

U0226438

四川科学技术出版社

·成都·

图书在版编目（ＣＩＰ）数据

　　吃不胖的秘密：瘦身菜/潘胜林主编.—成都：四川
科学技术出版社，2015.4
　　ISBN 978-7-5364-8029-2

　　Ⅰ．①吃…　Ⅱ．①潘…Ⅲ．①减肥－菜谱
Ⅳ.①TS972.16
　　中国版本图书馆CIP数据核字（2015）第002442号

CHIBUPANG DE MIMI
SHOUSHENCAI

吃不胖的秘密——**瘦身菜**

出 品 人　钱丹凝
主　　编　潘胜林
责任编辑　李　珉
封面设计　黑创文化
责任出版　欧晓春
出版发行　四川科学技术出版社
成品尺寸　**168mm×230mm**
印　　张　**10**　字数：**40千**
印　　刷　四川新华彩色印务有限公司
版　　次　2015年4月第1版
印　　次　2015年4月第1次印刷
定　　价　**38.00元**

ISBN 978-7-5364-8029-2

邮购：四川省成都市三洞桥路12号　邮政编码：**610031**
电话：028-87734035 电子信箱：SCKJCBS@163.COM

编委名单

主　编　潘胜林

副主编　袁　琪

编　委　罗　浩

　　　　谢运良

　　　　冯嘉树

　　　　陈　英

　　　　潘文鑫

　　　　张德碧

　　　　梁小龙

　　　　白　聪

　　　　陈善荣

　　　　潘　石

摄　影　潘　林

　　　　张晓红

前言

《诗经》云："兼葭苍苍，白露为霜。所谓伊人，在水一方。""关关雎鸠，在河之洲。窈窕淑女，君子好逑。"从古至今，"伊人"都是天下男子心中梦寐以求的伴侣，"窈窕淑女"则为众多女性为之奋斗的理想标准。当历史演绎到今天，电影《窈窕淑女》中的奥黛丽·赫本仍然是许多人心中的经典永恒。

生活在以健康为美的年代，说到美女，赵飞燕、貂蝉、西施等就会跳入人们的脑海，说到美丽往往会让人联想到苗条、端庄、纤腰、玉手之类的词语，而绝不会和肥胖、肚腩之类的联系到一起。云想衣裳花想容，大凡世人都爱美，没有哪个女子不渴望自己身材苗条，走出门花枝招展，婀娜妖娆，嫣然一笑倾人城，再笑倾人国，成为引来众人青睐的美女；也没有哪个男子不愿意自己身材挺拔，高大英武，儒雅健壮，成为"长眉若柳，身如玉树"貌比潘安，势如项羽气盖天下的伟岸英雄。总之，无论男女都没有人希望自己体态臃肿，行动不便。可往往事实并不尽如人意，随着岁月的流逝，时间这把"杀猪刀"使每个人的身体因年龄的增长而发生不同程度的变化。收入越来越高，吃进肚子的食物越来越高级，伴随而来的是腰变粗，人变形。就算曾经貌美如花，也会因为自己生活习惯和饮食的不健康而变得和窈窕、健美毫不沾边，甚至变得体态肥硕而凸显老态，和美丽没有半点关联。

每个人的先天条件不一样，相貌是父母给的，我们都无法改变；然而说到形体和身材，则与我们是否勤于体育锻炼以及是否有规律、健康的生活和饮食习惯习习相关。在多数情况下，通过体貌大致可以判断一个人的修养，很难看见聪慧伶俐，优雅高贵的女子或热爱生活、坚守事业的男子是体型臃肿病态的，不管是事业还是爱情，体态健康挺拔、外形美丽苗条者都更容易取得成功。美丽的前提是健康，没有健康是谈不上美感的，即便"胜西子三分"美如世外仙姝的林黛玉，到最后也因"态生两靥之愁，娇袭一身之病"只落得个"香魂一缕随风散"，可哀可叹！病态的瘦不是美，肥胖更谈不上美，作为一个当代的帅哥或美女应该是健康与美丽的。

有句话说得好：人"前三十年的美是父母给的，后三十年的美是自己挣来的。"保持良好的生活习惯和健康饮食的人，往往会比那些从不注意饮食和生活习惯的人看起来年轻很多。减肥不是挨饿，健康也不是饿出来的，《瘦身菜》更不是提倡戒荤吃素，人体需要摄入均衡的营养，科学合理的饮食习惯，合理的运动才是美丽和健康的唯一保障。保持良好的生活习惯以及健康的饮食，远离不健康的食品，再加上适当的体育锻炼，为自己也为家人播下福报，种下健康和快乐的种子——这就是吃不胖的秘密。

吃不胖的秘密——
瘦身菜 SHOUSHEN CAI

目录

吃不胖的秘密——
瘦身菜 SHOU SHEN CAI

目录

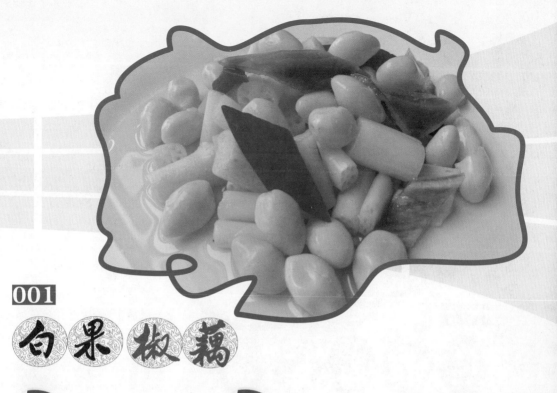

001

白果椒藕

 主料

白果100克　藕苗100克
青椒30克　红椒30克

辅料

烹调油80克　胡椒粉3克　姜茸15克　精盐5克
芝麻油10克　芝麻酱5克　喼汁10克　味精3克

烹制秘技

❶　将白果去芯、膜，治净，入沸水锅余断生，捞出待用。藕苗刮洗干净。青椒、红椒治净，切成菱形块。

❷　锅置火上，放入烹调油烧至七成热时，下青椒、红椒、芝麻酱略炒，再下白果、藕苗和精盐、胡椒粉、姜茸、喼汁等调味料烧熟，放味精，淋芝麻油，起锅装盘即成。

厨房秘笈

煮羊肉时加点柠檬，能除去羊肉腥膻味，并能使肉质更加细嫩。

瘦身美容秘诀

莲藕味甘多液，含有大量的单宁酸，有收缩血管的功效，可用来止血。藕还能凉血，散血，中医认为其止血而不留瘀，是热病血症的食疗佳品。

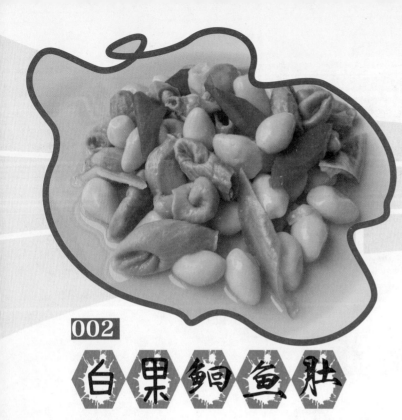

主料

鲜鲴鱼肚200克

银杏100克

青柿椒20克

红柿椒20克

辅料

胡椒粉5克　　姜茸15克

芝麻油5克　　精盐8克

烹调油80克　　味精3克

噫汁10克

002

白果鲴鱼肚

烹制秘技

1 将鲴鱼肚治净。白果去壳膜，洗净，入沸水锅汆断生，捞出待用。青柿椒、红柿椒分别治净，切成马耳朵片。

2 锅置火上，放入烹调油烧至七成热时，下青柿椒、红柿椒、姜茸略炒，倒入鲴鱼肚、白果，加上精盐、胡椒粉、噫汁烧断生，放味精炒匀，淋芝麻油，起锅入盘即成。

厨房秘笈

在电饭煲内放一点水，接通电源。将猪板油洗净，切成丁，放进电饭煲慢慢煮熬，不久猪油就自动熬好了。用电饭煲熬猪油的好处是不溅油，无糊油渣，油质洁白。

瘦身美容秘诀

鲴鱼肉质鲜嫩，兼有河豚、鲫鱼之鲜美，而无河豚之毒素和鲫鱼之刺多。鲴鱼肥美，脂肪含量低，有很高的营养价值，常食有利于皮肤保养，是优质美容食品。苏东坡曾赞曰："粉红石首仍无骨，雪白河豚不药人"。

003

百合西芹

主料

百合100克　西芹100克
红柿椒30克

辅料

芝麻油5克　精盐5克　葱茸15克　姜茸20克
海鲜酱5克　烹调油50克　味精3克

烹制秘技

❶ 将百合放入沸水中泡软，择洗净。西芹、红柿椒治洗后切成菱形，待用。

❷ 锅置火上，放入烹调油烧至六成热，下红柿椒、西芹、姜茸、葱茸、海鲜酱炒出味，放入百合，下精盐、味精炒匀，淋芝麻油，起锅入盘即成。

厨房秘笈

煮绿色叶类蔬菜时，在沸水中加点植物油，用宽水、旺火，可保持菜叶的本色。

瘦身美容秘诀

百合干品味甘微苦，有益肝、健脾、和胃、润肠通血、抑癌抗瘤、养阴补虚、润肺止咳、养阴消热、清心安神之效。女士多食有利于养颜护肤。

004

百合儿菜虾

主料

鲜虾100克　百合50克
儿菜50克

辅料

鲜汤150克　精盐5克　　葱茸10克
芝麻油10克　姜茸15克　白糖5克
湿淀粉25克　虾汁10克　烹调油30克
醋2克

烹制秘技

① 将鲜虾治净，用温水泡软洗净。儿菜去筋洗净。

② 锅置火上，放烹调油烧至四成热时，下葱茸、姜茸微炒出味，烹入鲜汤，加精盐、白糖、醋、虾汁等调味料，投入百合、儿菜烧开，再加鲜虾烧熟，勾湿淀粉，淋入芝麻油起锅入盘即成。

厨房秘笈

百合分新鲜和干制品两种，新鲜百合洗净就可以入馔，干制品则要用温水泡发至软才可用于烹饪。

瘦身美容秘诀

虾肉含有丰富的钾、碘、镁、磷等矿物质及维生素A，肉质松软，易消化。与百合成菜，可促进消化，增强体质新陈代谢。

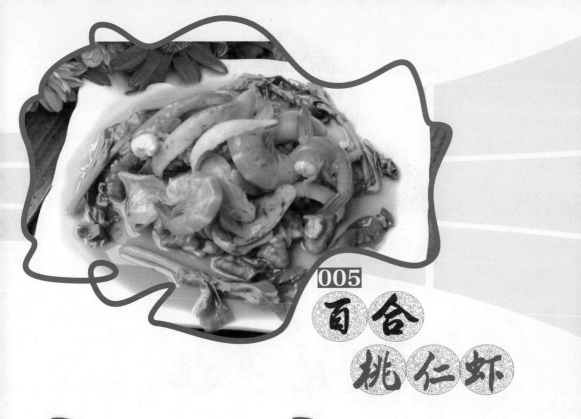

005

百合桃仁虾

主料

鲜虾200克　　百合50克
桃仁50克　　青菜薹30克

辅料

海鲜酱30克　精盐3克　　蒜茸10克
芝麻油15克　味精5克　　葱茸15克
烹调油80克　美极鲜味汁10克

烹制秘技

❶ 将鲜虾治净。青菜薹择洗净。百合、桃仁用温水泡软洗净。

❷ 锅置火上，放烹调油烧至六成热时，下鲜虾、海鲜酱、蒜茸略炒，再依次放百合、桃仁、青菜薹、美极鲜味汁、精盐、葱茸、味精炒匀，淋芝麻油，起锅入盘即成。

厨房秘笈

想保持蒸鱼的鲜度，可先将鱼身上的鱼鳞刮去，洗净后用干面粉搓一下，放置片刻，冲洗干净再入笼蒸熟，经过这样处理的蒸鱼不但没有腥味，还能保证肉质鲜嫩。

瘦身美容秘诀

百合含有钙、磷、铁、维生素B₁、胡萝卜素、秋水仙碱等多种生物碱，鲜品富含黏液质及维生素，常食百合可促进皮肤细胞的新陈代谢。

006 冰激凌沙拉

主料

西瓜30克　猕猴桃30克
火龙果30克

辅料

沙拉酱50克　冰淇淋1杯

烹制秘技

❶ 把西瓜、猕猴桃、火龙果分别去皮，切成小丁。

❷ 将切好的水果丁装入盘中，拌入沙拉酱和冰激淋即成。

厨房秘笈

将活泥鳅放入清水中，再滴入几滴菜油于水中，几分钟后，即可排除内脏中的泥土。

瘦身美容秘诀

猕猴桃酸甜可口，肉肥汁多，清香鲜美。含有丰富的维生素、氨基酸等营养物质。常食用可强化免疫系统，促使血液循环顺畅，对降低心血管疾病的发病率和治疗阳痿有特别功效。猕猴桃含热量极低，其膳食纤维能促进肠道蠕动，起到清热降火、润燥通便的作用。可谓是减肥、美容与兼顾营养的最佳选择。

主料

鲜素鲍鱼200克
青柿椒30克
红柿椒30克
洋葱50克

辅料

化鸡油40克
胡椒粉2克
姜茸25克
葱茸20克
喼汁10克
白糖8克
精盐8克

007 鲍片爆洋葱

烹制秘技

1. 将鲜素鲍鱼切成片。洋葱去蒂，治净切片。青红柿椒切成菱形片。

2. 锅置火上，放入化鸡油烧至四成热时，下青柿椒、红柿椒、姜茸、葱茸略炒，投入鲜素鲍鱼片、洋葱片和喼汁、白糖、胡椒粉、精盐等调味料炒匀，起锅装盘即成。

厨房秘笈

"爆"是一种常用的烹饪方法。操作时要用旺火烧热锅，倒入足量菜油烧热，再下码好芡的原料，快速翻簸后起锅。

瘦身美容秘诀

素鲍鱼是用鲍鱼汁和阿魏菇作原料制成的，含有丰富的蛋白质，还有较多的钙、铁、碘和维生素A等营养元素，是常见素食品，食之有保健瘦身的效果。

008

鲍鱼炒贡菜

主料

素鲍鱼200克　贡菜100克
红柿椒30克

辅料

精盐8克　烹调油50克　姜茸20克　味精3克
白糖5克　芝麻油10克　蒜茸20克

烹制秘技

❶ 将贡菜、红柿椒、素鲍鱼分别切成筷子条，备用。

❷ 锅置火上，放入烹调油烧至六成热时，下红柿椒、姜茸、蒜茸炒出香味，下素鲍鱼、贡菜和精盐、味精、白糖等调味料炒匀，淋芝麻油，起锅入盘即成。

厨房秘笈

将牛肉切丝后，加入搅散的鸡蛋液、食用油、料酒、淀粉拌匀，再倒入油锅翻炒，可使牛肉不粘锅，成菜爽口嫩滑。

瘦身美容秘诀

杨桃具有清热解毒、生津利尿的功效，对风热咳嗽、牙痛、口腔溃疡、尿道结石、酒精中毒、小便不利等症有缓解作用，多吃杨桃可减少口腔黏膜的损伤，利于保持身体健康。

009 鲍仔烩儿菜

主料

鲜鲍仔200克　水果番茄30克
鲜儿菜80克

辅料

精盐10克　胡椒粉5克　味精3克
姜茸15克　湿淀粉15克　葱汁10克
鲜汤50克　橄榄油50克

烹制秘技

❶　将鲜鲍仔去内脏洗净。水果番茄去蒂与鲜儿菜一同洗净，儿菜入沸水锅氽断生待用。

❷　取碗放入精盐、胡椒粉、姜茸、葱汁、味精、鲜汤、湿淀粉，对成汁备用。

❸　锅置火上，放入橄榄油烧至五成热时，下鲜鲍仔炒断生，下鲜儿菜微炒加水果番茄，烹入汁簸匀起锅入盘即成。

厨房秘笈

怎样烹制鲍鱼？先将鲍鱼洗净，放入锅中煮15分钟左右，然后把鲍鱼肉取出来　改刀切成片再烹制，就可达鲜嫩效果。

瘦身美容秘诀

儿菜是十字花科蔬菜，营养丰富，味道鲜美，品质细嫩。入菜少放油，常食可去油腻，是减肥瘦身的最佳时蔬之一。

010

鲍仔炒木耳

主料

鲜鲍鱼仔200克　水发木耳100克

辅料

干红辣椒10克	精盐10克	葱15克
烹调油80克	蒜茸15克	味精5克
芝麻油10克	蚝油10克	姜茸15克

烹制秘技

❶　将鲜鲍鱼仔洗净，入沸水锅中汆断生，捞出待用。将水发木耳去蒂，择洗净待用。干红辣椒、葱切成马耳片。

❷　锅置火上，放入烹调油烧至六成热时，下干红辣椒、姜茸、蒜茸炒出香味，倒入鲜鲍鱼仔和水发木耳，加上葱、精盐、蚝油炒入味，淋芝麻油，放味精炒匀，起锅入盘即成。

厨房秘笈

优质木耳的标准：黑木耳片乌黑光润，背面呈灰白色，大小均匀，耳瓣舒展，质轻干燥，膨胀性好，无杂质，有清香气味。

瘦身美容秘诀

木耳含铁元素极为丰富，常吃能养血驻颜，令人肌肤红润，容光焕发，并可预防缺铁性贫血。

011
鲍汁蹄筋

主料

水发蹄筋200克　　儿菜50克
红柿椒30克　　　　桃仁50克

辅料

精盐5克　　鲍鱼汁30克　　胡椒粉5克
味精3克　　湿淀粉25克　　香叶粉3克
鲜汤500克　芝麻油20克

烹制秘技

❶　先将水发蹄筋去掉油筋，切成节。儿菜、桃仁洗净。红柿椒治净，切成菱形片。

❷　取锅放入鲜汤，加精盐、鲍鱼汁、胡椒粉、味精、香叶粉、水发蹄筋、桃仁烧开，下儿菜、红柿椒同烧熟，勾湿淀粉、淋芝麻油即成。

厨房秘笈

把食用油放在锅里加热，放入泡湿的花椒、姜片、八角等香料浸炸出香味，等油温冷却后装入清洁的容器中备用。用这种油炒菜味道特别香。

瘦身美容秘诀

猪蹄筋富含蛋白质、胶原蛋白等，经常食用可增强体质，调节新陈代谢，使人体皮肤保持温润娇嫩。

012 碧玉螺肉

 主料

佛寿螺600克　芦笋100克
红柿椒10克

 辅料

姜片15克　葱段8克　生粉10克　白糖5克
精盐10克　味精5克　料酒10克　色拉油80克

烹制秘技

❶ 将佛寿螺肉除去泥沙，码生粉，待用。芦笋切成马耳形。红椒切成一字条。

❷ 取碗放入精盐、白糖、料酒、味精对成滋汁。

❸ 锅置火上，放入色拉油烧至三成热，投入姜片、葱段爆香，加入佛寿螺、芦笋、红柿椒炒匀，淋滋汁勾芡，起锅装盘既成。

厨房秘笈

　　西瓜底部的圈越大，皮越厚，越难吃；瓜皮青绿色，纹路整齐，蒂头卷曲的，就是成熟的瓜，味道才甜。

瘦身美容秘诀

　　西瓜性寒，味甘，归心、胃、膀胱经；具有清热解署、生津止渴、利尿除烦的功效；主治胸膈气壅，满闷不舒，小便不利，口鼻生疮，暑热，中暑，解酒毒等症。

013 菠萝烩魔片

主料

魔芋豆腐100克　菠萝50克
鲍菇菌50克

辅料

精盐5克　湿淀粉20克　姜茸20克　白糖5克
味精3克　花生酱15克　鲜汤200克

烹制秘技

❶ 将魔芋豆腐、鲍菇菌切成菱形片，入沸水锅氽断生，捞出待用。菠萝去皮治净，切成同样的片。

❷ 锅置火上，加鲜汤和精盐、姜茸、白糖、味精、花生酱等调味料烧开，下魔芋豆腐、鲍菇菌烩入味，再下菠萝片稍煮，勾湿淀粉，起锅入盘即成。

厨房秘笈

去皮的土豆应浸泡在冷水中，并向冷水中加少许醋，可使土豆保持新鲜，且久放不变色。

瘦身美容秘诀

黄瓜有降血糖的作用，是糖尿病患者最好的亦蔬亦果食物。《本草纲目》中记载，黄瓜有清热、解渴、利水、消肿之功效，常食有利于保持好身材。

014

菠萝目鱼花

主料

鲜目鱼200克
菠萝100克

辅料

番茄酱30克　白糖10克
烹调油80克　精盐5克

烹制秘技

❶　将鲜目鱼治净，剞成十字花刀，切成长方块。菠萝治净，切成同样的条。

❷　锅置火上，放入烹调油烧至七成热时，下鲜目鱼爆炒成卷花，下番茄酱、白糖、精盐、菠萝炒匀起锅入盘即成。

厨房秘笈

辣椒油又称为"红油"，是调制川式凉拌菜的常用佐料。将菜子油熬炼至熟，将锅端离火口，待菜子油晾至六成热时淋入盛有辣椒粉的碗里搅匀，待酥出香味，油呈红色即成。通常用于凉菜调味的红油都是放冷了的。

瘦身美容秘诀

菠萝含有大量的果糖、葡萄糖、维生素B、维生素C、柠檬酸和蛋白酶等物质，性平味甘，具有解暑止渴、消食止泻之功。在菠萝汁中，还含有一种跟胃液相类似的酵素，可以分解蛋白质，帮助消化。美味的菠萝为夏季医食兼优的时令减肥佳果。

主料

鱼肚200克
菠萝50克
胡萝卜50克

辅料

白糖5克
精盐10克
姜茸10克
葱茸15克
高汤150克
湿淀粉20克

015

菠萝鱼肚

烹制秘技

1. 将鱼肚切成片，用鲜汤煨熟后待用。菠萝、胡萝卜分别切成菱形片。

2. 锅置火上，加高汤烧开，下鱼肚、胡萝卜和精盐、葱茸、姜茸、白糖等调味料煮入味，下菠萝片，勾湿淀粉，起锅入盘即成。

厨房秘笈

把新鲜土豆洗净后放入热水中浸泡一下，再放于冷水中，就很容易削去外皮。

瘦身美容秘诀

桑椹味甘性寒，有补肝益肾、滋阴养血、黑发明目的作用，常食有利保持满头黑发油亮。

016

彩珠豆腐

 主料

红柿椒50克　　豆腐300克
嫩豌豆50克　　嫩玉米籽50克

辅料

橄榄油80克　　精盐8克　　白糖2克
湿淀粉30克　　鸡精3克　　鲜汤150克
芝麻油5克　　　姜25克

烹制秘技

❶　将豆腐切成小丁，入沸水锅加精盐煮去异味。红柿椒洗净，切成小颗。嫩豌豆、嫩玉米洗净，分别入沸水锅煮断生。姜剁成茸。

❷　锅置火上，放入橄榄油烧至五成热，下红柿椒、姜略炒，烹入鲜汤，加精盐、白糖、姜茸，倒入嫩玉米籽、嫩豌豆烧入味，再放豆腐烧熟，下湿淀粉勾欠汁，下芝麻油、鸡精炒匀，起锅入盘即成。

厨房秘笈

买回的鸡蛋、鸭蛋先用盐水浸泡一下，再放进冰箱，保鲜期可长达几个月。

将鸡蛋、鸭蛋洗净，在沸水中浸烫半分钟，晾干密封，也可保存数月。

瘦身美容秘诀

大蒜富含锗和硒等元素，能保护肝脏，提高肝细胞脱毒酶的活性，可以预防癌症的发生。大蒜素的抗氧化性优于人参，经常食用大蒜，能有效地延缓衰老。

017

茶菇炒鸡冠

 主料

鲜鸡冠200克　茶树菇100克
红柿椒30克

辅料

烹调油70克　芝麻油10克　精盐5克
蒜茸15克　鱼露10克　葱10克
姜茸15克　味精3克

 烹制秘技

❶　将鲜鸡冠治净，入沸水锅煮熟，捞出待用。茶树菇去蒂，洗净，切成节。红柿椒去籽、蒂，切成菱形片。葱洗净，切成马耳朵片。

❷　锅置火上，放入烹调油烧至五成热时，下红柿椒、鲜鸡冠、蒜茸、姜茸炒出味，加茶树菇、葱片、精盐、鱼露、味精等调味料炒匀，淋芝麻油，起锅入盘即成。

厨房秘笈

煮玉米时，等水烧开后加少许食盐，能增加玉米的口感，吃起来有丝丝甜味，味道更清香。

瘦身美容秘诀

茶树菇是高蛋白、低脂肪、低糖分的纯天然无公害保健食材，具有补肾滋阴，健脾胃，提高人体免疫力，增强人体防病能力的功效。常食可起到抗衰老、美容瘦身等作用。

主料

目鱼肉200克
茶树菇100克

辅料

鲍鱼汁20克　葱15克
湿淀粉15克　精盐5克
烹调油80克　白糖3克
芝麻油10克　味精3克
姜茸10克　　醋3克
鲜汤30克

018

茶菇炒目鱼

烹制秘技

1　将目鱼肉治净，剖成十字刀花后切成条。茶树菇去蒂，洗净，切成节。葱洗净，切成马耳朵片。

2　取碗放入精盐、姜茸、鲍鱼汁、白糖、醋、鲜汤、味精、湿淀粉对成滋汁。

3　锅置火上，放入烹调油烧至六成热时，投入目鱼肉炒散花，加茶树菇、葱片炒匀，烹入滋汁，淋芝麻油起锅入盘即成。

厨房秘笈

在面粉中加入少许盐、鸡蛋，能提高面筋质量，做出的面条吃起来更筋道。

瘦身美容秘诀

比目鱼肉质洁白细嫩，味鲜而美，富含多种人体所需的氨基酸和微量元素。其中的不饱和脂肪酸易被人体吸收，有助于降低胆固醇，增强体质，有补虚益气，祛风湿、活血通络等功效。

主料

茶树菇100克　素鲍鱼10克
青柿椒30克　红柿椒30克

辅料

姜茸10克
精盐5克
味精5克
海鲜酱15克
烹调油60克
美极鲜味汁10克

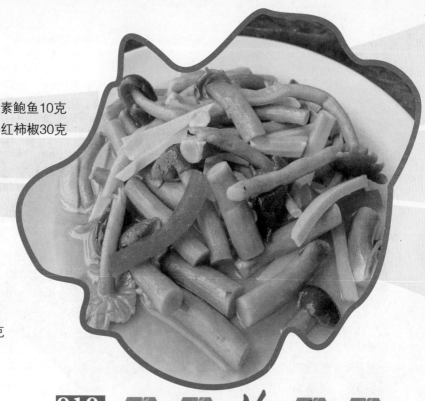

019 茶菇烩素鲍

烹制秘技

1　将素鲍鱼切成筷子条。茶树菇、青柿椒、红柿椒分别治净，切成节。

2　锅置火上，放入烹调油烧至五成热时，下青柿椒、红柿椒、姜茸、茶树菇略炒，
加海鲜酱、素鲍鱼和精盐、美极鲜味汁、味精等调味料炒入味，起锅入盘即成。

厨房秘笈

　　在存放大米的盒子里，放上两瓣大蒜或八角，就可以避免米虫的侵害，使大
米得以长期保存。

瘦身美容秘诀

　　石榴是传统的美容佳果，含蛋白质、脂肪、有机酸、多种维生素，及钙、磷、钾等
矿物质。有涩肠止血，收敛、抑菌的效用。果皮中的石榴碱有驱虫、治肾结石、糖尿病
的功能。晋代潘尼《安石榴赋》中写道："商秋受气，收华敛实，十房同膜，千子如一。
缤纷磊落，垂光耀质，滋味浸液，馨香流溢"。

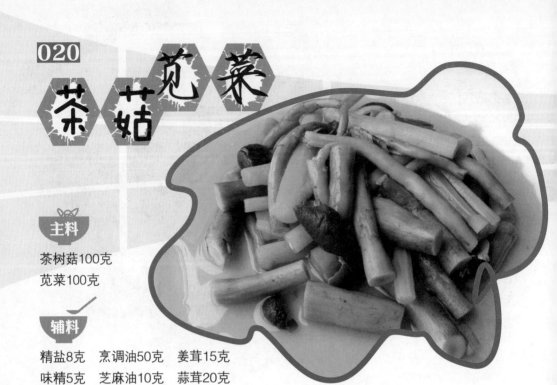

020 茶菇苋菜

主料

茶树菇100克
苋菜100克

辅料

精盐8克   烹调油50克   姜茸15克
味精5克   芝麻油10克   蒜茸20克

烹制秘技

1. 将茶树菇去蒂，择洗净，切成6厘米长的节。苋菜择洗净，也切成6厘米长的节。

2. 锅置火上，放入烹调油烧至五成热时，下姜茸、蒜茸炒出味，投入茶树菇、苋菜，下精盐、味精调味，淋芝麻油炒匀，起锅入盘即成。

厨房秘笈

　　土豆削皮后稍放一会儿，表面就会有变色的斑点，入菜很不美观。在烹煮土豆的水里放少许食用醋，成菜斑点就会消失。

瘦身美容秘诀

　　苦瓜含大量蛋白质和多种维生素，能提高机体的免疫功能。其新鲜汁液含有苦瓜甙和类似胰岛素的物质，具有良好的降血糖作用，是糖尿病患者的理想食品。此外苦瓜还具有清热消暑、养血益气、补肾健脾、滋肝明目之功效。

021 炒目鱼花

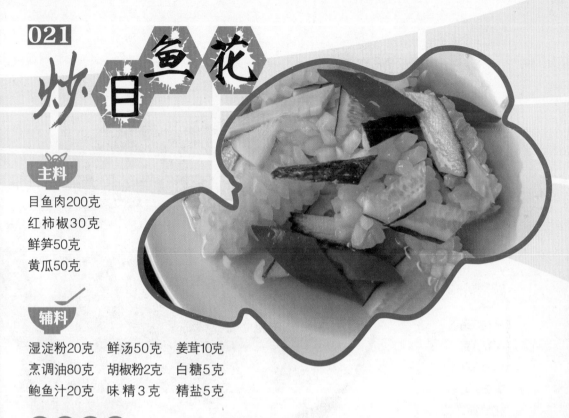

主料

目鱼肉200克
红柿椒30克
鲜笋50克
黄瓜50克

辅料

湿淀粉20克　　鲜汤50克　　姜茸10克
烹调油80克　　胡椒粉2克　　白糖5克
鲍鱼汁20克　　味 精3克　　精盐5克

烹制秘技

1. 将目鱼肉治净，剞成十字花刀后，改切成条。鲜笋、黄瓜、红柿椒治净，分别切成菱形片。鲜笋入沸水汆断生后捞出，待用。

2. 取碗放入精盐、鲍鱼汁、姜茸、白糖、胡椒粉、鲜汤、味精、湿淀粉对成滋汁。

3. 锅置火上，放入烹调油烧至六成热时，下目鱼肉炒散，下红柿椒、黄瓜、鲜笋炒匀，烹入滋汁收汁，起锅入盘即成。

厨房秘笈

　　泡发腐竹时，将腐竹完全浸泡在热水中，上面压上重物，使其在水中充分浸泡大约2小时，待腐竹颜色变浅发白，用手捏感觉没有硬心即可入馔。

瘦身美容秘诀

　　竹笋具有低脂肪、低糖、多纤维的特点，中医认为其味甘、微寒，具有清热化痰、益气和胃、治消渴、利水道、利膈爽胃等功效。食用竹笋不仅能促进肠道蠕动，帮助消化，去积食，防便秘，还有预防大肠癌的功效，是优良的瘦身食品。

022 炒三素

主料

藕苗100克
嫩玉米50克
西芹50克

辅料

精盐5克
味精3克
白糖5克
黄酱20克
化鸡油20克

烹制秘技

1. 嫩玉米洗净，煮熟待用。西芹洗净，切成菱形块。

2. 锅置火上，放入化鸡油烧至五成热时，先下西芹、黄酱略炒，下藕苗、嫩玉米、精盐、味精、白糖炒熟入味，起锅入盘即成。

厨房秘笈

在炒菜之前，将干红辣椒用清水泡软，入油锅就不易炒焦煳，还可保持辣椒鲜艳色彩。

瘦身美容秘诀

新鲜嫩玉米含淀粉、蛋白质、粗纤维等，食用后可刺激胃肠蠕动，加速排便，从而减少便秘、肠炎、肠癌等的发生概率，减少食物毒素在体内停留时间，有利保持苗条身材。

主料

杏鲍菇300克
胡萝卜丝30克
黄瓜丝30克

辅料

精盐8克
味精5克
白糖5克
香醋5克
葱油15克
芝麻油20克

023

葱油鲍菇丝

烹制秘技

1. 杏鲍菇、胡萝卜切成丝，一起入水余后捞起，晾凉。黄瓜切成丝。

2. 取碗放入精盐、葱油、白糖、香醋、味精调匀成味汁。

3. 将切好的三丝摆放进盘中，倒入味汁，淋芝麻油拌匀即成。

厨房秘笈

将蛤蜊、田螺及蚌等贝类泡在水中，再放块铁器在水中，一般2~3小时，它们即可把泥沙吐出来。

瘦身美容秘诀

新鲜水果李子肉中含多种氨基酸，有利尿消肿的作用，对肝硬化有辅助治疗效果。李子中抗氧化剂含量很高，有养颜美容、润滑肌肤的作用，堪称是抗衰老、防疾病的"超级水果"。李子还能促进胃酸和胃消化酶的分泌，加速胃肠蠕动，可改善食欲，促进消化，对胃酸缺乏、食后饱胀、大便秘结者有效。

024

翡翠蹄筋

主料

西芹50克
鲍菇菌50克
蹄筋200克

辅料

香叶粉5克　　胡椒粉3克　　精盐8克
姜茸10克　　　八角粉3克　　白糖4克
鲜汤300克　　芝麻油20克　　味精5克
湿淀粉20克　　葱茸20克

烹 制 秘 技

1. 将蹄筋撕去油膜，切成一字条，入沸水锅煮断生。西芹切成菱形节。鲍菇菌切成一字条。

2. 锅置火上，放入鲜汤、精盐、胡椒粉、香叶粉、八角粉、姜茸、葱茸、白糖、蹄筋烧开煮软，加西芹、鲍菇菌烧熟，勾湿淀粉，放味精翻匀，淋芝麻油，起锅即成。

厨房秘笈

　　先用醋搓手，削土豆皮时手就不会被染黄了。

瘦身美容秘诀

　　用醋洗头，可以令头发飘顺，容易打理，而且还可去除头皮屑。此法特别适合烫染头发后使用。

025 翡翠虾仁

主料

明虾仁300克　苦瓜100克

辅料

精盐5克　生粉30克　葱节10克
味精5克　色拉油80克　姜片15克

烹制秘技

❶ 将明虾仁挑去沙线洗净，苦瓜切成片，分别入沸水锅内汆水，捞起沥干。

❷ 取碗放入生粉、精盐、味精调成滋汁。

❸ 锅置火上，放入色拉油烧至四成热时，下葱节、姜片爆香，投入明虾仁、苦瓜翻炒几下，再淋入滋汁勾芡，起锅装盘即成。

厨房秘笈

在制作糖醋味型菜肴时，应先放糖后加盐，否则食盐的脱水作用会加快蛋白质凝固而使糖味不能"吃透"，从而造成外甜里淡，影响成菜口感。

瘦身美容秘诀

《本草纲目》说用冬瓜瓤"洗面澡身"，可以"祛黑斑，令人悦泽白皙""令人悦泽好颜色"。冬瓜含有丰富的蛋白质、碳水化合物、维生素以及矿质元素等。尤其是所含大量丙醇二酸对人体有良好的护肤美白作用。常食能有效阻止人体内的糖类转化为脂肪，减少脂肪堆积，有良好的减肥，美肤养颜效果。

026

粉条椒菇

主料

茶树菇200克　土豆粉100克
青柿椒30克　　红柿椒30克

辅料

鲜汤300克　精盐8克　胡椒粉2克
湿淀粉20克　姜茸10克

烹制秘技

❶ 将茶树菇洗净，切成6厘米长的节。青柿椒、红柿椒分别治净，切成一字条。

❷ 锅置火上，加鲜汤和精盐、胡椒粉、姜茸调好味，下茶树菇煮断生，再下青柿椒、红柿椒、土豆粉烧熟透，勾湿淀粉，起锅装盘即成。

厨房秘笈

核桃好吃，但不好剥，把核桃放进锅里蒸10分钟，取出泡在冷水里，然后再砸开，就能取出完整的桃核仁。

瘦身美容秘诀

芒果果肉多汁，鲜美可口，兼有桃、杏、李、苹果等的香味，食之清脆适口，风味别致。有理气、止咳、健脾、益胃、止呕、止晕等功效。常食芒果能预防乳腺癌的发生，润泽皮肤，是女士们的美容佳果。

吃不胖的秘密——〉〉〉

027

干椒炝鲍鱼仔

主料

鲜鲍鱼仔200克　青菜片80克

辅料

干红椒10克　葱茸15克　蒜茸20克
花生油80克　姜茸20克　精盐5克
美极鲜味汁15克　味精3克

烹制秘技

❶　鲜鲍鱼仔去内脏，洗净。青菜片洗净，切成一字条，分别放入沸水锅汆断生待用。干红椒去蒂，切成斜节。

❷　锅置火上，放入花生油烧至七成热时，下干红椒、蒜茸、葱茸、姜茸炒出味，倒入鲜鲍鱼仔、青菜片炒匀，淋美极鲜味汁，放味精炒匀即成。

厨房秘笈

烹制新鲜鲍鱼时，火候不够则味腥，过火则肉质变韧发硬，所以一定要准确把握烹制鲍鱼的火候。

瘦身美容秘诀

鲍鱼、海螺等海贝类肉质富含多种蛋白质、氨基酸，这些氨基酸是合成头发角蛋白的必需成分。故多食有美发、护发的效果。

ᗜᗜᗜ 吃不胖的秘密——

27

瘦身菜 SHOUCAI

028 甘蓝拌海蜇

 主料

海蜇100克 甘蓝100克
西芹50克

辅料

精盐8克　苹果醋5克　白糖4克
味精3克　芝麻油20克

烹制秘技

❶ 将海蜇、甘蓝、西芹分别治净，切成二粗丝，入沸水汆断生，晾凉待用。

❷ 取盆放入海蜇、甘蓝、西芹，加精盐、苹果醋、白糖、味精、芝麻油等调味料拌匀，入盘即成。

厨房秘笈

　　将放蔫了的青菜，放到加有少许醋的冷水里泡1小时，青菜可返青变绿。

瘦身美容秘诀

　　每天用醋泡双手10分钟，可使干燥粗糙的手变得皮柔肤嫩。

029
宫爆鲜贝

主料

红柿椒20克　鲜贝200克
苦瓜100克

辅料

料酒10克　芝麻油10克　精盐5克　姜茸10克
蒜茸15克　烹调油80克　白糖3克　胡椒粉4克
鲜汤20克　湿淀粉50克　味精5克　香醋5克
噫汁15克

烹制秘技

❶　将鲜贝治净，加料酒、湿淀粉拌匀。苦瓜治净，切成丁，入沸水锅中余断生，捞出待用。红柿椒洗净，切成指甲片。

❷　取碗放入精盐、姜茸、噫汁、蒜茸、胡椒粉、白糖、香醋、味精、鲜汤对成滋汁。

❷　锅置火上，放入烹调油烧至六成热时，下鲜贝炒散，下红柿椒、苦瓜炒匀，烹入滋汁收汁，淋芝麻油起锅入盘即成。

厨房秘笈

炼菜子油时，下油量要根据油锅大小而定，油面应离锅口6厘米以上，炼时用火不宜大，火苗不能燎过锅口，人不能离开，等油泡散尽，油色变浅即炼成熟。

瘦身美容秘诀

芝麻油有调节胆固醇、补血、润肠、生津、通乳、养发等功效。适用于身体虚弱、头发早白、贫血萎黄、津液不足、大便燥结、头晕耳鸣等症状，因而又被称为"永葆青春的营养素"。

030 贡菜炒魔丝

主料

红柿椒30克　贡菜100克
魔芋豆腐100克

辅料

泡野山椒20克　精盐5克
烹调油70克　姜茸10克
芝麻油10克　蒜茸25克
味精3克

烹制秘技

1. 贡菜治净，切成6厘米长的节。魔芋豆腐、红柿椒分别切成二粗丝。魔芋豆腐入沸水汆煮，捞出待用。

2. 锅置火上，放入烹调油烧至五成热时，下红柿椒、泡野山椒、蒜茸、姜茸略炒，下贡菜、魔芋豆腐、精盐、味精炒匀，淋芝麻油，起锅入盘即成。

厨房秘笈

在盛放土豆的袋子里，放上一个苹果，比例是10个土豆，加一个苹果，这样存放的土豆就不会发芽了。

瘦身美容秘诀

贡菜又名苔干、响菜、山蜇，其色泽鲜绿，质地爽口，味若海蜇。含有谷氨酸、维生素C、维生素D、锌、铁、钙、硒等营养元素，常食利于人体发育，有一定抗衰老、防癌的功效，是美容瘦身的最佳食品之一。

031 贡菜烩虾饺

主料

虾饺200克　贡菜100克

辅料

精盐5克　美极鲜味汁20克　芝麻油5克
白糖5克　姜茸10克　味精3克　烹调油50克

烹制秘技

❶　将贡菜治净，切成6厘米长的节。

❷　锅置火上，放入烹调油烧至五成热时，下贡菜、姜茸略炒，倒入虾饺和精盐、美极鲜味汁、白糖等调味料烩熟，下味精翻匀，淋芝麻油，起锅即成。

厨房秘笈

白糖有提鲜的作用，在烹调菜肴时加少许白糖，可增加成菜的鲜味。

瘦身美容秘诀

生姜可抑制癌细胞活性、降低其毒性，有防癌的功效。红糖具有养血、活血的作用，姜与红糖一起冲泡，能健胃整肠、驱寒解热、促进血液循环、缓和经期的不适现象，尤其适合女性食用。

主料

贡菜100克
鲜笋100克

辅料

泡野山椒20克　精盐8克
烹调油60克　　蒜茸10克
胡椒粉2克　　　味精5克
香醋5克　　　　白糖2克

032

贡菜玉笋

烹制秘技

1. 贡菜治净，切成6厘米长的节。鲜笋治净，切成6厘米长的片，入沸水锅汆煮后待用。泡野山椒去蒂。

2. 锅置火上，放入烹调油烧至五成热时，下泡野山椒、贡菜、蒜茸炒出味，下鲜笋和精盐、胡椒粉、味精、香醋、白糖等调味料炒匀，起锅入盘即成。

厨房秘笈

　　用旺火炒豆芽，并快速翻炒断生，起锅时烹点醋，既能除去涩味，又能保持豆芽新鲜脆嫩。

瘦身美容秘诀

　　胡椒有白胡椒、黑胡椒之分。气味芳香，用于烹制内脏、海味类菜肴，或用于汤羹的调味，具有祛腥提味的作用。能健胃进食，温中散寒，止痛，对脾胃虚寒、呕吐、腹泻有抑制作用。

033

菇笋粉丝

 主料

茶树菇100克　芦笋100克
土豆粉100克　红柿椒100克

辅料

精盐5克　鲜汤200克　美极鲜味汁10克
香醋5克　烹调油50克　味精5克
白糖2克　芝麻油10克

烹制秘技

❶ 将茶树菇、芦笋治净，分别切成6厘米长的节。红柿椒治净，切成小一字节。

❷ 锅置火上，放入烹调油烧至五成热时，下红柿椒、芦笋、茶树菇略炒，烹入鲜汤，加精盐、美极鲜味汁、香醋、白糖等调味料，下土豆粉烧熟，再下味精炒匀，淋芝麻油，起锅装盘即成。

厨房秘笈

炖肉时加酒，可以除去腥味，减少成菜的油腻感。因为酒与肉相遇会发生脂化反应，加速脂肪分解，形成一种具有特殊香气的酯，使菜肴香而不腻。

瘦身美容秘诀

土豆粉含有丰富的维生素、纤维素、氨基酸、蛋白质、脂肪、优质淀粉等营养元素，以及禾谷类粮食所没有的胡萝卜素和抗坏血酸。具有很高的营养价值和药用价值，是抗衰老和降血压的食物，经常吃土豆的人身体健康，衰老减缓。

034

瓜条鱼肚

 主料

鲜鱼肚200克　黄瓜100克
红柿椒30克

辅料

精盐8克　胡椒粉3克　鲜高汤200克　姜茸25克
味精3克　化鸡油20克　湿淀粉20克　葱茸15克

烹制秘技

❶　将鲜鱼肚治净，切成一字条。黄瓜、红柿椒分别治净，切成同样的一字条。

❷　锅置火上，放入鲜高汤，下鲜鱼肚烧开，加精盐、胡椒粉、姜茸、葱茸、化鸡油、味精等调味料，再放黄瓜、红柿椒烧熟，勾湿淀粉，起锅入盘即成。

厨房秘笈

煮火腿之前，在火腿皮上抹少许白糖，火腿就容易煮软，而且味道更鲜美。

瘦身美容秘诀

每天洗头时，在水中放适量盐，用盐水洗头，可以预防脱发。

035
果蔬沙拉

主料

水果番茄50克　菠萝100克
雪莲果50克　生菜30克

辅料

沙拉酱50克

烹制秘技

❶ 菠萝、雪莲果分别治净，切成块。水果番茄、生菜治净。

❷ 取盘放入生菜垫盘，再将菠萝、雪莲果、水果番茄依次码放入盘，淋上沙拉酱即成。

厨房秘笈

清洗各种叶类蔬菜时，在水中放少许盐，可以分解农药残留物，同时也可让隐藏的害虫脱离蔬菜叶芽。

瘦身美容秘诀

雪莲果是菊科多年生草本植物。雪莲果的外形像红薯，果肉晶莹剔透，汁多而甘甜爽脆，属低热量食品，其碳水化合物不易被人体吸收，因此是糖尿病人及减肥者的最佳食品。

主料

水果番茄50克
鲜虾200克
儿菜50克

辅料

柠檬汁20克
精盐5克
白糖5克
胡椒粉3克

036

果汁鲜虾

1. 将鲜虾洗净，水果番茄去蒂洗净，儿菜去筋洗净。

2. 取碗放柠檬汁、白糖对成滋汁。

3. 锅置火上，加清水烧开，放入儿菜，加精盐煮熟；另用开水加胡椒粉、精盐，投入鲜虾氽断生，捞出与水果番茄、儿菜配盘，淋滋汁即成。

厨房秘笈

如何识别蟹是否新鲜？新鲜的蟹壳呈青灰色，带有光亮，饱满，腹部雪白，蟹脚结实。反之，则不是。

瘦身美容秘诀

虾肉还有较强的通乳作用，并且富含磷、钙，对小儿、孕妇有补益功效；虾体内的虾青素有助于消除因时差反应而产生的"时差症"。

037

海参炒蕨菜

主料

鲜海参200克　蕨菜100克
红柿椒30克

烹制秘技

辅料

泡野山椒20克　　精盐3克　　　海鲜酱20克　　料酒25克
美极鲜味汁15克　白糖5克　　　湿淀粉20克　　姜片10克
芝麻油10克　　　葱片20克　　　烹调油50克　　味精5克
鲜汤20克　　　　蒜茸10克　　　醋2克

❶　将鲜海参去内脏洗净，切成斧头片，入沸水锅中，加姜片、料酒、葱片煮去异味，捞出待用。蕨菜治净，切成节；泡野山椒、红椒治净，红椒切丝，入沸水余断生，捞出待用。

❷　取碗放入精盐、美极鲜味汁、白糖、醋、味精、鲜汤、湿淀粉对成滋汁。

❸　锅置火上，放入烹调油烧至七成热时，投入泡野山椒、海鲜酱、红柿椒、蒜茸略炒，放入海参片、蕨菜节炒熟，烹入滋汁，淋芝麻油炒匀，起锅入盘即成。

厨房秘笈

　　干海参的泡法(一)：先将暖水瓶装满开水，再放入洗净的干海参，盖严瓶盖，12个小时后取出海渗剖腹去内脏，洗净后再放入冷水中泡5~6个小时，即可用于烹饪。

瘦身美容秘诀

　　蕨菜生长在林间、山野，是无任何污染的绿色野菜，富含人体需要的多种维生素，有清肠健胃、舒筋活络等功效。经处理的蕨菜口感清香滑润，再拌以作料，清凉爽口，是难得的上乘佳肴。还可以炒吃，加工成干菜，做馅，腌渍成罐头等。

主料

鲜海参200克　魔芋豆腐50克
红柿椒20克　青笋50克

辅料

湿淀粉20克　生抽酱油10克
胡椒粉3克　芝麻油10克
烹调油100克　葱节30克
姜片10克　料酒10克
鲜汤50克　白糖2克
味精5克　精盐8克

038

海参炒双丁

烹制秘技

1. 将海参去内脏洗净，切成斧头片，入沸水锅中加姜片、料酒、葱片煮去异味，捞出待用。魔芋豆腐和青笋分别切成丁，入沸水汆断生，捞出待用。红柿椒切成菱形片。

2. 取碗放入精盐、白糖、生抽酱油、鲜汤、胡椒粉、味精、湿淀粉对成滋汁。

3. 锅置火上，放入烹调油烧至五成热，投入红柿椒、姜片，放入海参、魔芋豆腐丁、青笋丁炒匀，烹入滋汁，淋入芝麻油炒匀，起锅入盘即成。

厨房秘笈

　　因海参遇油和碱易腐烂，故涨发干海参时，一定要注意使用的器具和水质应洁净，不能被油、碱和盐等物质污染。

瘦身美容秘诀

　　料酒就是黄酒，含有多种多糖类物质和氨基酸，用于烹饪能增添鲜味，使菜肴具有芳香浓郁的滋味。在烹饪肉、禽、蛋等菜时，调入的黄酒能渗透到食物组织内部，溶解微量的有机物质，从而令菜肴质地松嫩。温饮黄酒，可帮助血液循环，促进新陈代谢，具有补血养颜、活血祛寒、通经活络的作用，能有效抵御寒冷刺激，预防感冒。

039

海参双素

主料

鲜海参200克
嫩玉米100克
西兰花100克
水果番茄50克

辅料

精盐10克　白糖5克　芝麻油10克　葱茸20克
姜片20克　味精5克　湿淀粉15克　鲜汤250克

烹制秘技

1 将海参去内脏洗净，切成斧头片，入沸水锅中，加姜片、葱煮去异味，捞出待用。西兰花切成块，水果番茄洗净后切成为二瓣，嫩玉米切成块，分别入沸水汆断生，捞出待用。

2 锅置火上，放入鲜汤，加精盐、白糖、葱茸、姜片烧开，投入海参、嫩玉米、西兰花块、水果番茄烧熟，勾湿淀粉，下味精，淋芝麻油起锅入盘即成。

厨房秘笈

干海参的泡法（二）：将干海参用温水浸泡12小时后，放入清水锅中滚煮30分钟，至手感柔软又有弹性时就发好了。如未发好可以再次煮开，直至发水充分。将发好的海参剪开，掏去内脏洗净，即可用于烹饪。发好的海参不可久放，在冰箱里不沾水也只能冷藏三天。

瘦身美容秘诀

《随息居·饮食谱》中说海参："滋阴补血，健阳润燥，调经，养胎，利产"。中国传统医学则认为经常食用海参可以补肾益精，美肤养颜。

040

海茸拌蕨菜

主料

海茸100克　蕨菜100克

辅料

生抽酱油10克　精盐5克　醋 5 克
红辣椒油30克　白糖5克　葱10克
芝麻油5克　味精5克

烹制秘技

❶　将海茸、蕨菜治净切成六厘米长的节，入沸水锅中氽断生，捞出晾凉装盘。

❷　取碗放入精盐、生抽酱油、醋、红辣椒油、白糖、葱、芝麻油、味精调匀，淋在海茸、蕨菜上即成。

厨房秘笈

泡发干海茸前先洗净灰尘，再用温热水浸泡3小时左右，待发透后才可用于烹饪。

瘦身美容秘诀

海茸含有丰富的钙、碘、铁、可食性纤维、胡萝卜素、海藻胶等多种人体不可缺少的营养物质，是最健康美味的低脂肪营养食品。

041 海蜇炒韭黄

主料

海蜇200克　韭黄100克
红柿椒20克

辅料

精盐8克　姜茸15克　海鲜酱30克　芝麻油10克
味精2克　胡椒粉1克　烹调油20克

烹制秘技

❶　将海蜇治净，切成二粗丝。韭黄择洗净，切成6厘米长的节。红柿椒治净，切成丝。

❷　锅置火上，放入烹调油烧至六成热时，下红柿椒丝、海蜇、韭黄和精盐、姜茸、海鲜酱、味精、胡椒粉等调味料炒断生，淋芝麻油，起锅入盘即成。

厨房秘笈

煮荷叶粥时，先将粥煮熟，再加荷叶同煮，煮时不加盖，这样煮出的荷叶粥既有荷叶的清香，又可保持绿色。

瘦身美容秘诀

每次洗完脸后，用手指沾些细盐在鼻头两侧轻轻按摩，然后再用清水冲洗，鼻头上的粉刺就会清除干净，毛细孔也会变小。

主料

黄瓜50克
海蜇200克
红柿椒50克

辅料

精盐8克
白醋5克
味精3克
白糖4克
噢汁15克
芝麻油10克

042

烹制秘技

1. 将海蜇、红柿椒分别洗净，切成二粗丝，入沸水锅汆断生，捞出晾凉。黄瓜治净，同样切成二粗丝。

2. 取盒放入海蜇、黄瓜、红柿椒和精盐、白醋、噢汁、味精、白糖、芝麻油等调味料拌匀入盘即成。

厨房秘笈

想除去橱柜、箱子里的异味，可用布蘸少许醋涂擦，晾干后异味即除。

瘦身美容秘诀

海蜇含有丰富的碘、甘露多糖胶质和类乙酰胆碱等人体需要的多种营养成分，能软坚散结、行淤化积、清热化痰，有扩张血管，降低血压，防止动脉粥样硬化等功效。食用后有益于气管炎、哮喘、胃溃疡、风湿性关节炎等疾病患者康复，利于身体健康。

043 红椒煸苦瓜

主料

苦瓜200克　红柿椒50克

辅料

精盐10克　姜茸15克　烹调油60克　胡椒粉3克
蒜茸20克　味精5克　芝麻油10克

烹制秘技

❶　将苦瓜治净，切成片。红柿椒切成菱形片。

❷　锅置火上，放入烹调油烧至六成热时，下红柿椒、蒜茸、姜茸炒出味，倒入苦瓜加精盐、胡椒粉、味精等调味炒熟，淋芝麻油，起锅入盘即成。

厨房秘笈

熬骨头汤时，中途切忌加冷水，因为水温突然下降会导致汤中蛋白质和脂肪迅速凝固，影响营养和味道。

瘦身美容秘诀

荸荠是"冬春佳果"，富含多种维生素，营养丰富、甘美爽口，有清热生津、化痰利咽功效，常食可使人神清气爽，有利健康。

主料

贡菜200克
红柿椒50克

辅料

精盐5克　胡椒粉2克
白糖5克　芝麻油5克
味精3克　烹调油50克
蒜茸10克　姜茸15克

044

红椒贡菜

烹制秘技

1　将贡菜治净，切成节，入沸水锅中余断生，捞出待用。红柿椒治净，切成颗粒。

2　锅置火上，放入烹调油烧至五成热时，下红柿椒粒、蒜茸、姜茸略炒，投入贡菜和精盐、胡椒粉、白糖、味精等调味料炒入味，淋芝麻油，起锅入盘即成。

厨房秘笈

豆腐含水量高，富含植物蛋白，容易变质发酸。储存豆腐时，在煮沸的开水中加入少量的盐，待淡盐水变凉后，将豆腐放进去即可储存较长时间。

瘦身美容秘诀

核桃仁含有营养丰富的蛋白质、油脂及多种氨基酸、维生素和人体必需的钙、铁、锌、胡萝卜素、钾、钠、磷等多种微量元素，特别是维生素E含量较高，有"天然保健品之美称，是美容抗衰老之佳品。

045 胡萝卜烩鱼肚

主料

鱼肚200克　胡萝卜100克

辅料

葱茸10克　鸡汤400克　精盐8克
鸡油50克　胡椒粉3克　味精3克
姜茸20克　湿淀粉10克　白糖3克

烹制秘技

❶　将鱼肚治净，切成块。胡萝卜之净，切成滚刀块。

❷　锅置火上，加鸡汤、鸡油、胡萝卜煮断生，下鱼肚和精盐、胡椒粉、姜茸、葱茸、白糖、味精等调味品烧入味，勾湿淀粉，起锅即成。

厨房秘笈

水杯久置不用，杯子里会产生特殊的异味，在水杯中装入一小勺红葡萄酒，摇晃杯子，使杯壁沾满酒液，稍微放置一会儿就能去掉异味。

瘦身美容秘诀

明代李时珍在《本草纲目》中记载：胡萝卜"元时始自胡地来，气味微似萝卜，故名。"其肉质根含有丰富的类胡萝卜素、可溶性糖、淀粉、纤维素，以及多种维生素和矿物质元素，有排毒、防癌、防治心血管疾病的功效，素有"小人参"之称。

主料

胡萝卜100克
牛筋200克

辅料

胡椒粉5克
湿淀粉15克
芝麻油10克
鲜汤400克
嗯汁10克
姜茸15克
精盐6克
味精4克

046 胡萝卜烧牛筋

烹制秘技

1 将牛筋撕去油膜，治净，切成块。胡萝卜治净，切成滚刀块。

2 锅置火上，放鲜汤、牛筋，加精盐、胡椒粉、嗯汁、姜茸等烧熟，再下胡萝卜烧熟，放味精调味，勾湿淀粉，淋芝麻油，起锅装盘即成。

厨房秘笈

　　厨房灶台脏了，可在灶台上倒适量的洗洁精，用切割下的萝卜头涂抹均匀，最后用抹布再擦一遍，灶台就可焕然一新。

瘦身美容秘诀

　　梨含有蛋白质、脂肪、糖、粗纤维、钙、磷、铁等矿物质和多种维生素，具有降低血压、养阴、润肺、消痰、清热，以及醒酒解毒，预防痛风、风湿病和关节炎的功效，能促进食欲，帮助消化。在秋季气候干燥时，吃梨可缓解秋燥，有益健康。梨是"百果之宗"，因其鲜嫩多汁、酸甜适口，是天然的美颜瘦身佳果。

047

黄瓜拌带丝

主料

黄瓜100克
红柿椒30克
鲜海带丝100克

辅料

醋8克
精盐2克
味精3克
白糖4克
芝麻油10克
泡野山椒茸30克
美极鲜味汁15克

烹制秘技

1. 将黄瓜治净，切成二粗丝。鲜海带、红柿椒治净，切成6厘米长的丝，海带丝入沸水汆煮断生，捞出待用。

2. 取盆放入黄瓜丝、鲜海带丝、红柿椒丝和泡野山椒茸、美极鲜味汁、醋、精盐、味精、白糖等调味料拌匀，淋芝麻油即成。

厨房秘笈

做馒头要发面，如感觉发面不太到位，可将面团中部按一窝，倒入2杯白酒，十分钟后白面就发好了。

瘦身美容秘诀

用榴莲炖鸡汤，成菜清香又鲜甜，其补益价值相当高，有滋养强身的功能，可治心腹冷痛、胃痛以及皮肤病。

048 黄喉炒双丝

主料

红柿椒50克　黄喉200克
青柿椒50克　芹菜50克

辅料

胡椒粉3克　精盐5克
XO酱20克　白糖5克
芝麻酱10克　味精15克
烹调油80克

烹制秘技

1　将黄喉去油筋洗净，切成二粗丝。红柿椒、青柿椒治净，切成同样的丝。芹菜择洗干净，切成节。

2　锅置火上，放入烹调油烧至六成热时，下红柿椒、青柿椒、XO酱略炒散，下黄喉、芹菜、精盐、胡椒粉、白糖、芝麻酱炒熟入味，放味精翻匀，起锅入盘即成。

厨房秘笈

烹饪韭菜时，不能加姜，否则成菜泥腥味重，影响食欲。

瘦身美容秘诀

芹菜与花生同食，可以平肝明目，降低血压，减少体内脂肪和胆固醇的含量，有利美容健身。

049

 黄金素菜汤

主料

金针菇50克　青菜薹50克
嫩玉米50克　水果番茄50克

辅料

蘑菇精5克　鲜清汤500克　白糖5克
胡椒粉1克　精盐15克

烹制秘技

❶ 金针菇去蒂择洗净。青菜薹、水果番茄治净。嫩玉米治净，切成块。

❷ 锅置火上，下鲜清汤、精盐、胡椒粉、白糖烧开，下嫩玉米煮熟，再下金针菇、青菜薹、水果番茄煮断生，加蘑菇精即成。

厨房秘笈

先将1000克清水烧开，放入500克精盐熬化，晾凉后倒入准备好的泡菜坛中。用干净纱布包裹好干红辣椒、八角、花椒、豆蔻、香叶、草果等香料放入坛子中，然后加入甘蔗、香葱、姜、香芹等，再放入要泡的食材，盖好坛盖，在坛沿中撒些盐，倒满水密封好，置于阴凉通风处，1~2周后上好的川式泡菜就可出坛食用了。

瘦身美容秘诀

新鲜金针菇营养丰富，含多种氨基酸、矿物质和维生素B、维生素C、牛磺酸等。具有补肝、益肠胃、抗癌的功效。金针菇是高钾低钠食品，常食有利于预防高血压。

050

黄喉椒菇

主料

香菇100克　猪黄喉200克
青椒50克　红椒50克

辅料

精盐5克　蒜茸15克　姜茸10克
白糖2克　味精5克　美极鲜味汁10克
芝麻油10克　烹调油80克

烹制秘技

❶　将猪黄喉水发后撕去油筋，切成菱形块。青椒、红椒分别洗净，切成同样大小的块；香菇去蒂洗净，切成为二瓣，入沸水汆断生待用。

❷　炒锅置火上，放入烹调油烧至七成热时，下青椒、红椒、蒜茸略炒，投入猪黄喉、香菇、精盐、姜茸、白糖、美极鲜味汁等调味料炒入味，放味精，淋芝麻油炒匀，起锅入盘即成。

厨房秘笈

香菇鉴别标准：劣质的香菇薄而松软，有发潮的白色霉斑，香味差，呈黑色或黄色；优质香菇伞面有微霜，菇身圆整均匀，菇柄短粗，菇褶紧密细白，肉厚干燥，香味浓郁，无焦味，少碎屑，呈黄褐色或黑褐色。

瘦身美容秘诀

青椒和红椒含有丰富的维生素C、维生素K，可以防治坏血病，对牙龈出血、贫血、血管脆弱有辅助治疗作用。所含辣椒素刺激唾液分泌，能增进食欲，帮助消化，促进肠蠕动，防止便秘。吃了带有辛辣味的青椒之后，人会心跳加快，从而促进皮肤血管扩张，有利皮肤保养。

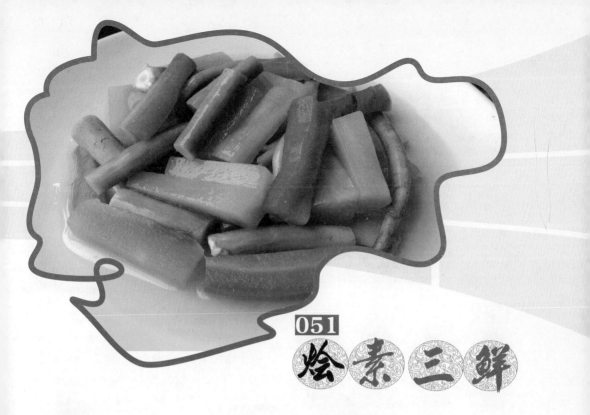

051 烩素三鲜

 主料

茶树菇100克　青笋400克
胡萝卜100克

辅料

精盐5克　胡椒粉3克　湿淀粉15克
味精2克　鲜汤300克　化鸡油10克
姜茸15克

烹制秘技

❶ 将茶树菇治净，切成6厘米长的节。青笋、胡萝卜治净，切成一字条，入沸水汆断生，捞出待用。

❷ 锅置火上，加鲜汤、茶树菇和精盐、胡椒粉、姜茸、味精等调味料煮断生，放入青笋、胡萝卜烩熟，勾湿淀粉，淋入化鸡油即成。

厨房秘笈

豆腐下锅前，先将其放在开水中浸泡10多分钟，便可除去卤水味，这样做出的豆腐口感好，味美香嫩。

瘦身美容秘诀

苹果富含纤维物质，可降低心脏病发病率，有减肥、补心润肺、生津解毒、益气和胃、醒酒平肝的功效。常食有利于保持健康身材。

052

火爆蛏子

主料

鲜蛏子200克　红柿椒30克　西芹50克

辅料

姜片10克　精盐10克　胡椒粉5克　烹调油50克

烹制秘技

❶　将鲜蛏子洗净，倒入沸水锅煮开口，捞出待用。红柿椒治净，切成菱形片。西芹切成斜节。

❷　锅置火上，放入烹调油烧至六成热时，下红柿椒、西芹、姜片炒出味，倒入蛏子加精盐、胡椒粉炒匀，起锅入盘即成。

厨房秘笈

　　烤肉出炉后应放置一会儿。如果烤肉出炉马上就切，会浸出大量油，影响美观和口感。

瘦身美容秘诀

　　柑橘富含维生素C、柠檬酸、橘皮苷、膳食纤维及果胶等物质。味甘酸、性凉，入肺、胃经，具有开胃理气，止咳润肺的功效；常食有抗疲劳、美容的效果。

吃不胖的秘密——

SHOUSHEN
CAI瘦身菜

52

主料

花蚶200克
青柿椒50克
红柿椒50克

辅料

精盐10克
姜片20克
蒜片20克
胡椒粉5克
烹调油80克

053

火爆花蚶

烹制秘技

1️⃣ 将花蚶洗净，投入沸水锅煮开口，捞出待用。青柿椒、红柿椒切成菱形片。

2️⃣ 锅置火上，放入烹调油烧至六成熟时，下青柿椒、红柿椒、姜片、蒜片炒出味，倒入花蚶和胡椒粉、精盐等调味料炒匀，起锅入盘即成。

厨房秘笈

炖老母鸡前，先用凉水兑醋，泡2小时，再上锅用微火慢炖，鸡肉就会香嫩可口。

瘦身美容秘诀

老母鸡肉具有温中益气、补虚劳、健脾益胃之功效，可用于治疗体虚食少、虚劳瘦弱、消渴、水肿等症，对营养不良、畏寒怕冷、乏力疲劳、月经不调、贫血、虚弱等有很好的食疗作用。

054 火爆胗花

 主料

鸡胗200克　洋葱100克
红柿椒30克

辅料

精盐3克　　豆瓣酱30克　　美极鲜味汁12克　　姜茸15克
香醋5克　　芝麻油10克　　鲜汤20克　　　蒜茸10克　葱10克
味精3克　　湿淀粉50克　　料酒20克　　　烹调油80克

烹制秘技

❶　将鸡胗去筋洗净，剞成十字花刀，切成块，加料酒、湿淀粉拌匀待用。洋葱治净，切成片。红柿椒切成菱形片。

❷　取碗放入精盐、美极鲜味汁、香醋、味精、鲜汤、葱、湿淀粉对成滋汁。

❸　锅置火上，放入烹调油烧至六成热时，下鸡胗炒散花，下蒜茸、姜茸、豆瓣酱、红柿椒炒出味，倒入洋葱烧熟，烹入滋汁收汁，淋芝麻油即成。

厨房秘笈

鸡蛋煮熟后，快速捞入凉水中浸泡，这样处理后的鸡蛋壳很好剥。

瘦身美容秘诀

红枣性温味甘，含有蛋白质、脂肪、胡萝卜素及丰富的维生素，具有补虚益气、养血安神、健脾和胃等功效，是脾胃虚弱、气血不足、倦怠无力、失眠等患者的保健营养品。民间有"天天吃红枣，一生不显老"之说。

主料

鸡冠100克
蕺菜100克
红柿椒20克

辅料

红辣椒油30克
生抽酱油10克
芝麻油10克
精盐3克
香醋5克
味精3克

055

鸡冠拌蕺菜

烹制秘技

1. 将鸡冠治净，放入沸水锅煮熟，捞出晾凉。蕺菜择洗净，用冷开水淋后，沥尽水。红柿椒治净，切成粒。

2. 取盆放入生抽酱油、红辣椒油、精盐、香醋、味精等调味料搅匀，淋在鸡冠、蕺菜、红柿椒上拌匀，淋芝麻油，入盘即成。

厨房秘笈

烹制洋葱时，在切好的洋葱上黏上面粉，在出锅时加少许白葡萄酒，则不易炒焦。而且炒出来的洋葱色泽金黄，质地脆嫩，味美可口。

瘦身美容秘诀

蕺菜又名鱼腥草、侧耳根，具有清热解毒、消痈排脓、利尿通淋的作用，可治疗热淋、白浊及白带不正常。凉拌蕺菜是一道传统佳肴。

056

鸡汁双素

 主料

鲜藕100克　儿菜100克

 烹制秘技

辅料

化鸡油10克　精盐5克　枸杞10克
花生酱10克　味精3克　姜茸15克
湿淀粉15克　鲜高汤200克

❶　鲜藕去两端藕节和皮，洗净，切成片。儿菜、枸杞分别择洗干净。

❷　锅置火上，放入鲜高汤、精盐、味精、花生酱、化鸡油、姜茸烧开，下藕片、儿菜一同煮熟，勾湿淀粉，散上枸杞，起锅入盘即成。

厨房秘笈

莲藕里的酪氨酸及酚类氧化物与空气接触后会发生化学反应，使切好的藕片发黑，影响成菜美观和食用效果。将切好的藕片泡放在清水中，使之与空气隔绝，即可保持藕片的本色。

瘦身美容秘诀

枸杞具有促进免疫、抗衰老、抗肿瘤、清除自由基、抗疲劳、抗辐射、保肝、保护和改善生殖功能等作用，经常食用可以养肝，滋肾，润肺。枸杞叶可以补虚益精，清热明目。

主料

青豆50克
红腰豆20克
蟹籽球150克
嫩玉米粒100克

辅料

精盐5克
味精5克
葱粒10克
姜粒15克
生粉30克
料酒15克
色拉油80克

057

金银蟹籽球

烹制秘技

1 将青豆、红腰豆、嫩玉米择洗净待用。

2 取碗放入精盐、味精、生粉、料酒调成滋汁。

3 锅置火上，放色拉油烧至五成热，下葱粒、姜粒爆香，投入蟹籽球、青豆、红腰豆、嫩玉米粒炒断生，淋滋汁勾芡，起锅装盘既成。

厨房秘笈

不慎将米饭烧煳后，先将饭锅端离火，放在潮湿的地方，取一根约6厘米长的大葱白，插入饭中，盖严锅盖，等一会儿饭中的焦煳味就消失了。

瘦身美容秘诀

玉米性味甘、平，归胃、膀胱经，有健脾益胃、利水渗湿作用。含有膳食纤维、蛋白质，以及大量维生素A、维生素E、谷氨酸，常食可以加快肠道蠕动，预防便秘，防止动脉硬化，具有抗衰老、美容的作用。

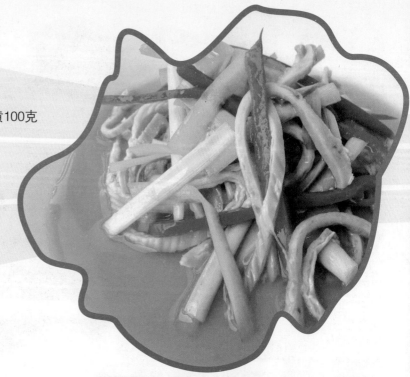

主料

猪肚200克　韭黄100克
红柿椒20克

辅料

精盐8克
白糖3克
味精3克
姜茸10克
烹调油50克
芝麻油10克
美极鲜味汁20克

058

韭黄肚丝

烹制秘技

1. 将猪肚治净，放入沸水锅煮熟晾凉，切成二粗丝。韭黄择洗净，切成节。红柿椒治净，切丝。

2. 锅置火上，放入烹调油烧至六成热时，倒入猪肚、红柿椒、姜茸炒出味，下韭黄和精盐、白糖、美极鲜味汁、味精等调味料翻炒至断生，淋芝麻油炒匀，起锅入盘即成。

厨房秘笈

栗子皮难剥，先把外壳剥掉，再把它放进微波炉转一下，拿出后趁热一搓，皮就掉了。

瘦身美容秘诀

韭黄含有膳食纤维，可促进排便；所含胡萝卜素对眼睛以及人体免疫力都有益处。其味微辛辣，可促进食欲，食之有健胃、提神、保暖的功效，对女性产后调养和舒缓生理期不适感有帮助作用。

059 苦瓜烩鱼唇

主料

鱼唇200克　苦瓜100克
红柿椒30克

辅料

鲜高汤200克　胡椒粉2克　精盐10克　味精3克
湿淀粉20克　姜茸20克　白糖5克

烹制秘技

❶　将鱼唇切成片，鲜汤汆煮后待用。苦瓜、红柿椒治净，分别切成片入沸水锅汆断生，捞出备用。

❷　锅置火上，放鲜高汤烧开，下鱼唇、苦瓜、红柿椒和精盐、味精、姜茸、胡椒粉、白糖等调味料烩入味，勾湿淀粉即成。

厨房秘笈

　　熬猪油时，先在锅内放少量水，再放入切好的生猪油，然后用微火煎熬，这样熬出来的猪油，颜色晶莹白润，无杂质。

瘦身美容秘诀

　　榴莲健脾补气，补肾壮阳，温暖身体，属滋补有益的水果。果肉中含淀粉11%，糖分13%，蛋白质3%，还有多种维生素等，营养相当丰富，是热带水果之王。体虚之人食后可补养身体。

060 苦瓜烧蹄筋

主料

蹄筋200克　苦瓜100克
红柿椒20克

辅料

八角粉5克　　姜茸15克　　味精3克　　鲜汤300克
香叶粉3克　　精盐15克　　料酒10克　　湿淀粉15克
胡椒粉5克　　芝麻油10克　　烹调油50克

烹制秘技

❶　将蹄筋撕去油膜洗净，切成块。苦瓜治净，切成同样大小的块。红柿椒治净，切成小方块。

❷　锅置火上，放入烹调油烧至四成热，下蹄筋、姜茸略炒，烹入鲜汤，加精盐、胡椒粉、香叶粉、八角粉、料酒等调味料烧熟，再加苦瓜、红柿椒烧熟，勾湿淀粉，放味精、淋芝麻油即成。

厨房秘笈

　　蹄筋可用油发涨也可用水发涨。水发时可先将蹄筋用锤敲松软，装入凉水锅里用小火煮透，捞入凉水中浸漂，撕去筋皮，洗净；换凉水加葱、姜、料酒上火煮透，再捞入凉水中冲泡，除去腥味。反复两次，即可发涨。发好的蹄筋如当时不用，可放在冰箱保鲜，也可用凉水泡着，每日换水两次，可保存较久。

瘦身美容秘诀

　　鹿蹄筋性温，味淡微咸，主治劳损续绝，有强筋壮骨，生精益髓的功效。食之令人不畏寒冷，可治疗风湿关节痛、腰脊疼痛、筋骨疲乏等症，是瘦身保健的优良食品。

主料

豆腐300克
豆瓣酱30克

辅料

生抽酱油8克　精盐5克
湿淀粉30克　白糖2克
芝麻油5克　大蒜30克
花椒面1克　鲜汤250克
烹调油50克　味精3克
葱节30克　姜25克

061
辣麻豆腐

烹制秘技

1 将豆腐切成2厘米见方的块，入沸水锅加精盐煮去异味，豆瓣酱、姜、大蒜分别剁成茸；葱洗净，切成短节。

2 锅置火上，放入烹调油烧至六成热，下豆瓣酱茸、姜茸、蒜茸炒出味，加鲜汤、精盐、生抽酱油、白糖炒匀，下豆腐烧入味，勾湿淀粉勾欠汁，撒葱节，淋芝麻油，放味精炒匀，起锅入盘，撒上花椒面即成。

厨房秘笈

　　炒芹菜前先将油锅用猛火烧热，再将芹菜倒入锅内快炒，能使炒出的成菜鲜嫩、脆香可口。

瘦身美容秘诀

　　樱桃中含有丰富的糖、蛋白质、维生素C、β胡萝卜素、铁等营养元素，有补血、治疗贫血和改善女性月经后亏血的功效，多吃可促进血红蛋白的生成，让人气色红润，肌肤细腻、有弹性，是美白肌肤的最佳水果之一。

主料

素鲍鱼200克
西兰花50克
水果番茄50克

辅料

鲍鱼汁25克
鲜汤100克
湿淀粉10克
精盐8克
味精5克

062

兰花素鲍

烹制秘技

1 将西兰花治净，切成小块，入沸水汆断生，捞出待用。水果番茄去蒂洗净。素鲍鱼用鲜汤烧透待用。

2 锅置火上，放入鲜汤和精盐、鲍鱼汁、味精、素鲍鱼、西兰花、水果番茄煮入味，捞出装盘中，勾湿淀粉即成。

厨房秘笈

炒洋葱时，淋上一点葡萄酒，洋葱就不易焦煳，炒出的菜味更鲜香。

瘦身美容秘诀

枇杷果肉含脂肪、果糖、蛋白质、纤维素、果胶及多种维生素。性凉，味甘酸。枇杷不仅味道鲜美、营养丰富，还有生津润肺、清热健胃、利尿滋补和强身健体的功效，对促进消化、解暑、润肺止咳、预防感冒都有较好的作用。

063 兰果鱿花

主料

水发鱿鱼200克
西兰花100克
水果番茄30克

辅料

白糖4克　蒜茸25克　烹调油80克
精盐5克　姜茸20克　胡椒粉3克
味精3克　噱汁20克　芝麻油10克

烹制秘技

1. 将水发鱿鱼撕去膜，剞十字花刀，切成块。西兰花治净，切成块，入沸水锅汆断生，待用。水果番茄治净。

2. 锅置火上，放入烹调油烧至七成热时，倒入鱿鱼炒卷，下姜茸、蒜茸略炒，投入西兰花、水果番茄和噱汁、精盐、白糖、胡椒粉、味精等调味料炒熟，淋芝麻油，起锅装盘即成。

厨房秘笈

先将鸡蛋煮成溏心蛋，然后敲破壳，再放入茶汤中煮熟，茶叶蛋即大功告成。

瘦身美容秘诀

《中药大字典》记载，沙棘具有活血散淤、化痰宽胸、补脾健胃、生津止渴、清热止泻之效。沙棘含有的维生素C含量远远高于鲜枣和猕猴桃，从而被誉为"天然维生素的宝库"。沙棘籽油中的游离脂肪酸、碳氢化合物、甾醇总含量、磷脂、维生素E、维生素A、类胡萝卜素等物质极易被皮肤吸收，具有抗衰老和护肤的作用。

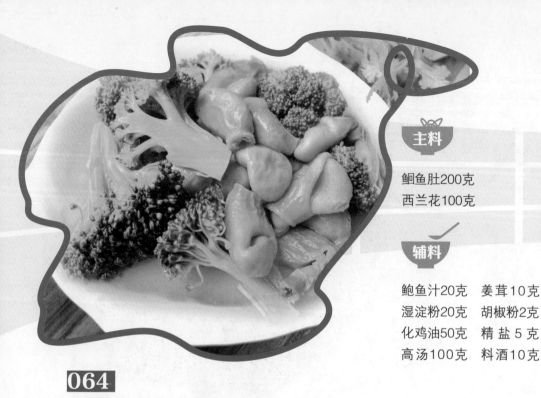

主料

鲍鱼肚200克
西兰花100克

辅料

鲍鱼汁20克　姜茸10克
湿淀粉20克　胡椒粉2克
化鸡油50克　精 盐 5 克
高汤100克　料酒10克

064

兰花鱼肚

烹制秘技

1 将鲷鱼肚治净，西兰花洗净切成块状，分别入沸水锅中氽断生，捞出待用。

2 锅置火上，放入高汤、胡椒粉、鲍鱼汁、精盐、姜茸、料酒等调味料，下鲷鱼肚、西兰花烧入味，勾湿淀粉，淋化鸡油，起锅入盘即成。

厨房秘笈

　　鲜竹笋洗净，沥尽水，放入调好的盐水坛中，将坛置于阴凉通风处，可保存一年，并且风味和鲜笋一样。

瘦身美容秘诀

　　西兰花含丰富的维生素A、维生素C和胡萝卜素等，经常食用能增强皮肤的抗损伤能力，有助于保持皮肤弹性，防止皮肤干燥，是一种很好的美容佳品。此外，西兰花还具有防癌抗癌的功效，尤其是预防胃癌、乳腺癌的效果尤佳。

065

莲子烩西芹

 主料

莲子100克　西芹80克
红柿椒30克

辅料

烹调油40克	白糖10克	葱茸１０克
湿淀粉25克	姜茸20克	鲜汤100克
芝麻油10克	味精3克	精盐5克

烹制秘技

❶　先将莲子洗净，用温水泡软心，入沸水锅里氽断生待用。西芹、红柿椒洗净，切成马耳片。

❷　锅置火上，将烹调油烧至五成热，放入葱茸、红柿椒、姜茸炒香，烹入鲜汤，下莲子，调入精盐、白糖烧开，再放入西芹，待断生时勾湿淀粉，放味精，淋芝麻油即成。

厨房秘笈

切洋葱时，常被洋葱味刺激得泪流满面。如果先把洋葱切成两瓣，用保鲜膜包上，放在冰箱冷冻室速冻，过十几分钟再拿出来切，就不会有洋葱味挥发出来刺眼了。

瘦身美容秘诀

莲藕生食能凉血散淤，补血养血，补五脏之虚，强壮筋骨；熟食能补心益肾，具有滋阴养血的功效。

〝〝〝吃不胖的秘密——

066

凉拌海石花

主料

海石花150克
黄瓜100克
红柿椒10克

辅料

精盐5克　美极鲜味汁12克
白糖5克　红辣椒油20克
香醋5克　芝麻油10克
味精3克

烹制秘技

1. 将海石花洗净，改成小枝，入沸水氽后捞出待用。黄瓜、红柿椒治净，分别切丝。

2. 取盆放入海石花、黄瓜丝、红柿椒丝和精盐、美极鲜味汁、白糖、香醋、红辣椒油、味精、芝麻油等调味料拌匀，装盘即成。

厨房秘笈

　　烹制豆腐时，加少许豆腐乳或豆腐乳汁，成菜味道更加芳香。

瘦身美容秘诀

　　燕麦，就是莜麦，是一种低糖、高营养、高能量食品。含有极其丰富的亚油酸、钙、磷、铁、锌矿物质，对脂肪肝、糖尿病、便秘等有辅助疗效，可以改善血液循环，缓解压力。常食可预防骨质疏松、促进伤口愈合、防止贫血，有非常好的降糖、减肥效果，对增强体力，延年益寿大有裨益。

主料

茶树菇100克
芦笋100克
红柿椒20克

辅料

胡椒粉2克
精盐5克
唥汁10克
姜茸10克
芝麻油5克
味精3克
烹调油50克

067

烹制秘技

1 将茶树菇、芦笋分别治净，切成6厘米长的节。红柿椒治净，切成一字条。

2 锅置火上，放入烹调油烧至五成热时，下红柿椒、茶树菇、姜茸略炒，加入芦笋和精盐、胡椒粉、唥汁等调味料炒断生，加味精、芝麻油炒匀，起锅入盘即成。

厨房秘笈

和面时在面粉中揉进一小块猪油，加少许精盐、牛奶，蒸出来的馒头不仅洁白、松软，而且味香好吃。

瘦身美容秘诀

椰子中含有椰子油等多种天然成分，味芳香滑脆，柔若奶油，食之可收敛、淡化毛孔，平滑紧致肌肤。

主料

鲜芦笋100克
红柿椒30克
魔芋豆腐100克

辅料

精盐5克　　芝麻油10克
味精3克　　鲍鱼汁20克
白糖4克　　烹调油50克
姜茸25克

068

芦笋炒魔丝

烹制秘技

1. 将鲜芦笋治净，切成6厘米长的节。魔芋豆腐切成二粗丝，入沸水锅汆后待用。红柿椒切成二粗丝。

2. 锅置火上，放入烹调油烧至六成热时，下红柿椒、鲜芦笋炒断生，加姜茸、鲍鱼汁、精盐、味精、白糖等调味料，倒入魔芋豆腐炒匀入味，淋芝麻油，起锅入盘即成。

厨房秘笈

和面时，不小心碱放多了，蒸出的馒头发黄，可在蒸锅水中放些醋，再蒸一刻钟，馒头就会变白。

瘦身美容秘诀

通常普通食品需要28小时才能从肠道中排空，而富含食物纤维的食品只需要14~16小时。食物在胃中停留的时间越短，人体对有害物质的吸收就越少，故多食粗纤维食物，有利人体健康。

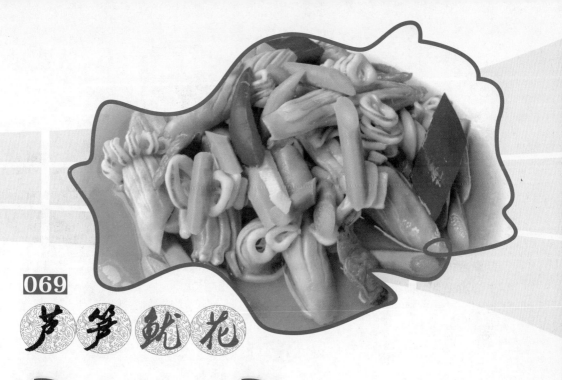

069

芦笋鱿花

主料

鲜鱿鱼200克　　芦笋100克
红柿椒30克

辅料

白糖2克　　湿淀粉20克　　胡椒粉5克　　蒜茸20克
精盐5克　　烹调油20克　　喼汁15克　　姜茸15克
味精3克　　化鸡油10克　　葱汁10克　　鲜汤20克
泡野山椒20克

烹制秘技

❶　将鲜鱿鱼撕去皮治净，剞成花刀，切成三角块待用。芦笋治净，斜切成
节，入沸水氽断生。红柿椒治净，切成菱形片。泡野山椒去蒂。

❷　取碗放入精盐、胡椒粉、喼汁、白糖、葱汁、鲜汤、味精、湿淀粉对成滋汁。

❸　锅置火上，放入烹调油烧至七成热时，下鲜鱿鱼炒卷花，下芦笋、红柿
椒，加泡野山椒、蒜茸、姜茸炒匀，烹入滋汁收汁，淋入化鸡油即成。

厨房秘笈

芝麻油营养丰富，深得人们喜爱。纯芝麻
油呈橙红色或红色，掺入菜籽油则颜色深黄，
掺入棉籽油则颜色深红。纯芝麻油滴到平静
的凉水面上会呈现出无色透明的薄薄的大油
花。掺假香油的油花小而厚，且不易扩散。掺
进了其他油或勾兑的芝麻油则，有其他异味。

瘦身美容秘诀

俗话所说"早晨吃姜，如喝
参汤；晚上吃姜，如吃砒霜"是
很有道理的，因为姜中含有的姜
酚会刺激肠道蠕动，加速食物残
渣的排泄，白天可以增强脾胃作
用，到了夜晚肠道还不断蠕动就
会影响睡眠，有损人体健康。

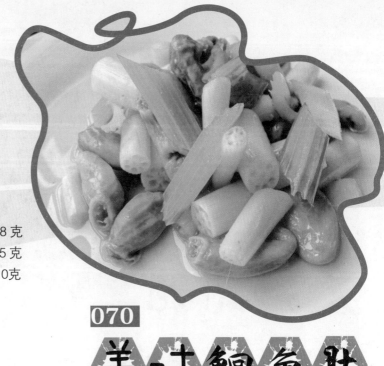

主料

鲷鱼肚200克
藕苗50克
西芹50克

辅料

芝麻油10克　精盐 8 克
烹调油80克　味精 5 克
鱼汁 20 克　姜茸10克
蒜茸25克

070

美味鲷鱼肚

烹制秘技

1 将鲷鱼肚、藕苗分别治净。西芹择洗后，切成斜节。

2 锅置火上，放入烹调油烧至七成热时，下鲷鱼肚、西芹炒出香味，下藕苗和精盐、蒜茸、姜茸、味精、鱼汁等调味料炒熟，淋芝麻油，起锅入盘即成。

厨房秘笈

　　泡发干木耳时，先要去掉杂质。将干木耳放入大碗中，加水淹过干木耳，约30分钟后，木耳就泡发好了。此时在水中调入少许面粉，然后用双手反复轻轻揉搓木耳，用清水冲洗即可除尽杂质。

瘦身美容秘诀

　　藕苗又称藕带，是莲藕的幼嫩根状茎，即《本草纲目》上记载的"藕丝菜"。味脆嫩，砷、铅、镉、汞等重金属含量远低于我国《食品中污染物限量》标准的限量值。藕苗的营养价值很高，富含铁、钙等微量元素和植物蛋白质、维生素、淀粉，有明显的补益气血，益血生肌，增强人体免疫力的作用。故中医称其："主补中养神，益气力"。

071
美汁虾

主料

鲜虾200克　金针菇50克
青菜薹50克

辅料

姜茸20克　美极鲜味汁15克
葱茸10克　味精3克　精盐5克

烹制秘技

❶ 将鲜虾治净，金针菇去蒂择洗净，青菜薹洗净。

❷ 取碗放入美极鲜味汁、精盐、味精、姜茸、葱茸对成滋汁。

❸ 锅置火上，加清水烧开，分别将鲜虾、金针菇、青菜薹汆断生，捞起装盘，淋入滋汁即成。

厨房秘笈

煮虾时用水要宽，火要旺，虾不宜久煮，变红即可，这样才能保持虾肉鲜嫩。

瘦身美容秘诀

常食虾皮可预防因缺钙导致的骨质疏松症，提高食欲和增强身体健康，有利身高成长。

主料

红柿椒50克　猪黄喉100克
金针菇50克　青菜薹10支
西芹50克

辅料

核桃酱30克　鲜汤50克
芝麻油30克　葱茸25克
湿淀粉20克　味精5克
精盐8克

072

美汁银丝卷

烹制秘技

1. 将猪黄喉治净，修成6厘米长的段，用清水煮熟。红柿椒、西芹治净，切成二粗丝。金针菇去蒂，择洗净。

2. 取红柿椒丝、西芹丝、金针菇丝放入猪黄喉卷成卷，再用青菜薹捆成银丝卷，入盘中，上笼蒸断生，取出。

3. 锅置火上，加鲜汤、核桃酱、味精、精盐、葱茸烧开，下湿淀粉20克 勾成玻璃芡汁，淋在蒸熟的银丝卷上，再浇上芝麻油即成。

厨房秘笈

炖肉时放几片山楂片，肉易煮烂。煮老母鸭时，放几块生木瓜，可以使老鸭肉加速软糯。

瘦身美容秘诀

山楂能降低血清胆固醇及甘油三酯，可防治动脉粥样硬化，增强心肌收缩力，强心和预防心绞痛。此外，山楂中的总黄酮有扩张血管和持久降压、活血化瘀的作用，是痛经、月经不调者的食疗佳品。

073

秘制老南瓜

 主料

老南瓜400克　蜜枣5颗

辅料

白糖30克

烹制秘技

① 将老南瓜去皮、籽，洗净，切成小块，与白糖、蜜枣一起装入盘内。

② 蒸锅置火上，放入南瓜盘，加盖蒸1小时，出锅既成。

厨房秘笈

　　用不粘锅烹饪时，最好用木质锅铲搅拌、翻炒，因为金属器具会把不粘锅表面刮破，让其内壁的氟化碳进入食物，危害人体健康。

瘦身美容秘诀

　　南瓜含有大量多糖、氨基酸、活性蛋白、类胡萝卜素及多种微量元素等对人体有益的成分。中医认为南瓜性温味甘、入脾、胃经。具有补中益气、消炎止痛、化痰排脓、解毒杀虫功能，常食能生肝气、益肝血、保胎。

魔芋炒鲍仔

 主料

素鲍鱼200克　魔芋豆腐100克
青柿椒30克　红柿椒30克

辅料

精盐5克　鲍鱼汁20克　姜茸20克
味精3克　芝麻油10克　烹调油50克

烹制秘技

❶　素鲍鱼、魔芋豆腐、青柿椒、红柿椒分别切成条，魔芋豆腐入沸水汆煮，捞出待用。

❷　锅置火上，放入烹调油烧至五成热时，下青柿椒、红柿椒、姜茸炒香，倒入素鲍鱼、魔芋豆腐和精盐、鲍鱼汁、味精等调味料炒匀，淋芝麻油，起锅入盘即成。

厨房秘笈

焯绿叶蔬菜时，在清水中加点盐，会保持菜叶的鲜绿色彩，使成菜更赏心悦目。

瘦身美容秘诀

山竹，又称为山竹子、凤果、莽吉柿。果肉含丰富的蛋白质、脂类、膳食纤维、糖类、维生素及镁、钙、磷、钾等矿物元素，有清热降火、减肥润肤的功效。常吃山竹可以清热解毒，改善皮肤性状。

075

西芹炒魔芋

主料

魔芋豆腐100克　西芹100克
红柿椒30克

辅料

葱茸10克　精盐5克　花生酱20克
姜茸20克　味精5克　芝麻油10克
烹调油100克

烹制秘技

❶　将魔芋豆腐切成一字条，入沸水汆煮后待用。西芹、红柿椒分别治净，切成菱形片。

❷　锅置火上，放入烹调油烧至六成热时，下红柿椒、西芹、姜茸、葱茸炒出香味，下魔芋豆腐，加精盐、花生酱炒熟入味，下味精炒匀，淋芝麻油，起锅入盘即成。

厨房秘笈

生魔芋豆腐含碱，烹饪前先把魔芋豆腐改刀成需要的形状，入沸水锅加精盐、少许醋汆煮，捞出用清水冲淋，沥尽水分，即可去掉碱味。

瘦身美容秘诀

香葱含蛋白质、糖类、维生素A、食物纤维，以及磷、铁、镁等物质，常食有解热、祛痰、抗菌、防癌作用，还可以健脾开胃，增进食欲，促进消化吸收。但吃葱时要注意，不能与蜂蜜共同服用；表虚多汗的人忌吃香葱。

076

木耳椒芹

主料

水发木耳200克
西芹100克
红柿椒50克

辅料

精盐10克　蒜茸15克
姜汁10克　味精5克
芝麻油5克　烹调油60克

烹制秘技

1 将水发木耳去蒂，择洗净，待用。红柿椒、西芹分别治净，切成菱形块。

2 锅置火上，放入烹调油烧至五成热时，下红柿椒、蒜茸、西芹炒出味，投入水发木耳，加精盐、姜汁炒入味，淋芝麻油，放味精炒匀，起锅入盘即成。

厨房秘笈

将干木耳放入温水中泡发，加入少许精盐，浸泡半小时可以让木耳快速发涨变软。

瘦身美容秘诀

草莓含丰富的维生素C，有帮助消化，巩固齿龈，润泽咽喉，抑制肝火等作用，因其含大量果胶及纤维素，饭后吃可促进胃肠蠕动，帮助消化、改善便秘，预防痔疮、肠癌的发生。

077

主料

目鱼肉200克
芦笋100克
红柿椒30克

辅料

精盐5克	鲍鱼汁15克	胡椒粉3克
味精2克	湿淀粉20克	香叶粉5克
白糖3克	芝麻油10克	鲜汤20克
香醋3克	烹调油80克	

烹制秘技

1. 将目鱼肉治净，剖成十字刀花，切成条。芦笋治净，切成节。红柿椒治净，切成小一字条。

2. 取碗放入精盐、胡椒粉、鲍鱼汁、香叶粉、白糖、香醋、味精、鲜汤、湿淀粉对成滋汁。

3. 锅置火上，放入烹调油烧至六成热时，投入目鱼肉炒散，下红柿椒、芦笋炒匀，烹入滋汁收汁，淋入芝麻油即成。

厨房秘笈

盐可以有效地激发糖的甜味。在咖啡中调入一点点盐，可去除苦涩味，让咖啡味道更香，口感温润滑顺。

瘦身美容秘诀

芦笋与白果同时入馔，可以起到降低血压、血脂，对治疗白内障和预防癌症大有帮助。

078

目鱼烧魔芋

主料

目鱼肉200克　魔芋豆腐100克
青柿椒30克　　红柿椒30克

辅料

精盐5克　　胡椒粉3克
香醋5克　　美极鲜味汁15克
味精3克　　芝麻油10克
葱汁10克　　湿淀粉20克
姜汁15克　　烹调油80克
鲜汤20克

烹制秘技

1 将目鱼肉治净，剞成十字花刀待用。魔芋豆腐切成一字条，入沸水锅氽煮，捞出待用。青柿椒、红柿椒分别治净，切成菱形片。

2 取碗放入精盐、胡椒粉、美极鲜味汁、香醋、鲜汤、味精、湿淀粉对成滋汁。

3 锅置火上，放入烹调油烧至七成热时，下目鱼肉炒卷花，加青柿椒、红柿椒、魔芋豆腐条、姜汁、葱汁炒匀，烹入滋汁收汁，淋芝麻油即成。

厨房秘笈

　　将鸡油洗净，改刀成小块，放入蒸碗内，加姜片、葱节，上笼用旺火蒸，这样的鸡油味道十分香鲜。

瘦身美容秘诀

　　野山椒又称指天椒、朝天椒，是对椒果朝上或斜朝上生长辣椒的统称。野山椒的特点是椒果小、辣度高、易干制，主要作为干椒品种利用。泡野山椒是指将野山椒用食盐水泡制出来的泡菜，味酸辣鲜，色浅绿，辛香兼备，可开胃助食，常食用泡野山椒加工的食品，可使食者容光焕发，美丽动人。

主料

白果100克

藕苗50克

辅料

奶油50克

白糖30克

蛋黄酱20克

079

奶香银藕

烹制秘技

1 将白果去芯、膜，洗净。藕苗刮洗干净，入沸水断生。

2 锅置火上，下奶油、蛋黄酱、白糖翻炒，倒入白果、藕苗炒熟，起锅入盘即成。

厨房秘笈

怎样调制鸡蛋芡？将鸡蛋壳磕破后，将蛋清和蛋黄分离开，先在蛋黄碗内加芡粉拌匀，再加蛋清调均匀，即成用于烹饪的鸡蛋芡。

瘦身美容秘诀

用莲藕制成的粉，能消食止泻，开胃清热，滋补养性，预防内出血，是妇孺老弱上好的流质食品和滋补佳珍。

瘦身菜SHOUCAI SHEN

080

藕合双果

主料

鲜藕100克　水果番茄50克
菠萝30克

辅料

水果沙拉少司60克

烹制秘技

❶　将鲜藕刮洗净，切成丁，入沸水锅汆断生，捞出待用。菠萝治净，切成同样大的丁。水果番茄去蒂，洗净。

❷　取盒放入鲜藕丁、菠萝丁、水果番茄等主料，加水果沙拉少司拌匀入盘即成。

厨房秘笈

鱼肉不够新鲜时，如果淋点醋，就既可正味又能杀菌。

瘦身美容秘诀

藕的营养价值很高，富含铁、钙等微量元素，植物蛋白质、维生素以及淀粉含量也很丰富，有明显的补益气血，增强人体免疫力作用。故中医称其："主补中养神，益气力"。

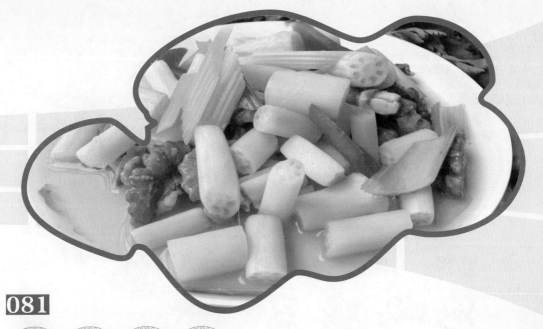

081

藕苗桃仁

主料

鲜藕苗100克　桃仁100克
红柿椒20克　西芹30克

辅料

精盐8克　沙拉酱30克　葱茸10克
味精5克　烹调油80克　芝麻油10克

烹制秘技

❶　将鲜藕苗刮洗净，切节。桃仁择洗净。红柿椒、西芹治净，切成菱形块。

❷　锅置火上，放入烹调油烧至七成热时，下西芹、红柿椒，加沙拉酱略炒，再放鲜藕苗、桃仁，下精盐、葱茸、味精炒断生，淋入芝麻油，起锅入盘即成。

厨房秘笈

生桃仁皮不容易剥去，用开水烫后再剥就容易多了。

瘦身美容秘诀

西芹又名西洋芹菜，其营养丰富，富含芹菜油、蛋白质、碳水化合物、矿物质及多种维生素等营养物质，具有降血压、镇静、健胃、利尿等疗效，是一种保健蔬菜。

082

泡椒鸡冠

 主料

鲜鸡冠200克　苦瓜100克
红柿椒10克

辅料

泡野山椒20克　精盐8克　胡椒粉3克　醋 2 克
芝麻油20克　唸汁10克　烹调油80克　味精5克
湿淀粉15克　白糖3克　鲜汤20克

烹制秘技

❶　将鲜鸡冠洗净；苦瓜去籽洗净，切成片，分别入沸水锅氽断生，捞出待用。红柿椒治净，切成菱形片。泡野山椒去蒂。

❷　取碗放入唸汁、精盐、胡椒粉、醋、白糖、鲜汤、味精、湿淀粉对成滋汁。

❸　锅置火上，放入烹调油烧至五成热时，下红柿椒、泡野山椒炒出味，倒入鸡冠、苦瓜炒匀，烹入滋汁收汁，淋芝麻油，起锅入盘。

厨房秘笈

　　将鲜肉洗净，沥干水装盘，放入冰箱冻至表面微硬时，取出切片，不但能提高切片效率，而且切出的肉片形状整齐美观、质量高。

瘦身美容秘诀

　　苦瓜含大量维生素C，能提高人体的免疫功能，所含的胰蛋白酶可以抑制癌细胞分裂，阻止恶性肿瘤生长；苦瓜的新鲜汁液含有苦瓜甙和类似胰岛素的物质，具有良好的降血糖作用，是糖尿病患者的理想食品。

主料

猪腰200克　芹菜100克
红柿椒20克

辅料

姜茸15克　葱节10克
蒜片20克　蚝油10克
精盐 5 克　芝麻油10克
味 精 5 克　胡椒粉5克
鲜汤50克　湿淀粉50克
白 糖 1 克　烹调油80克
醋 2 克　料酒10克

083

芹菜腰丝

烹制秘技

1. 将猪腰去膜对剖，去掉腰臊，洗净，切成二粗丝，加精盐、料酒、胡椒粉、湿淀粉拌匀码味待用。芹菜择洗净，切成节。红柿椒洗净，切成丝。

2. 取碗放入精盐、蚝油、醋、白糖、味精、鲜汤、湿淀粉对成滋汁。

3. 锅置火上，放入烹调油烧至七成热时，投入码好味的猪腰丝炒散，加红柿椒、姜茸、葱节、蒜片炒出香味，倒入芹菜炒断生，烹滋汁收汁，淋芝麻油炒匀，起锅入盘即成。

厨房秘笈

烹调菜肴时油温不宜烧得过高，经常食用高油温烹出的油炸菜，容易导致低酸胃或胃溃疡，诱发身体细胞癌变。

瘦身美容秘诀

荞麦性平、味甘、归脾、胃、大肠，富含蛋白质、油酸、亚油酸、膳食纤维、碳水化合物、维生素B等营养成分，具有止咳、平喘、祛痰、健胃、消积、降血脂、抗血栓、预防脑出血等功效。常食可抗衰老，使皮肤细嫩光滑，是减肥瘦身的最佳食品之一。

主料

水发鱿鱼200克
西芹50克
红柿椒50克

辅料

海鲜酱30克　精盐3克
烹调油80克　味精5克
芝麻油10克　白糖2克
姜茸10克　　蒜茸15克
美极鲜味汁10克
胡椒粉5克

084 芹椒鱿花

烹制秘技

1. 将水发鱿鱼去膜，剞十字刀后切成长条块。西芹、红柿椒治净，切成菱形片。

2. 锅置火上，放入烹调油烧至七成热时，投入鱿鱼爆炒卷后，下海鲜酱略炒，再加西芹、红柿椒、美极鲜味汁、精盐、白糖、胡椒粉、姜茸、蒜茸炒入味，撒味精炒匀，淋芝麻油，起锅入盘即成。

厨房秘笈

怎样除去带鱼的腥味？鱿鱼在烹制前先用高浓度白酒、姜、葱进行码味，让酒精跟带鱼肉中的胺类物质充分接触，祛腥效果十分明显。

瘦身美容秘诀

带鱼除富含人体所需的氨基酸外，还含大量的牛磺酸，可抑制血液中的胆固醇含量，缓解疲劳，恢复视力，改善肝脏功能，是很好的瘦身食品。

085
芹椒芋条

主料

魔芋豆腐200克
西芹100克
红柿椒30克

辅料

胡椒粉3克　精盐8克
芝麻油5克　味精2克
蒜茸10克　白糖2克
烹调油60克　醋8克
泡酸姜茸30克

烹 制 秘 技

1. 将魔芋豆腐切成一字条，入沸水锅汆煮后待用。西芹、红柿椒治净，切成菱形片。

2. 锅置火上，放入烹调油烧至六成热时，下西芹、红柿椒、泡姜茸炒出味，倒入魔芋豆腐，放入胡椒粉、精盐、蒜茸、味精、白糖、醋等调味料炒断生入味，淋芝麻油，起锅入盘即成。

厨房秘笈

炒藕丝时，一边翻炒一边加少量清水，可避免藕丝变黑。

瘦身美容秘诀

黄瓜被称为"厨房里的美容师"，经常食用黄瓜或将黄瓜切成片，贴在皮肤上可有效缓解皮肤老化，减少皱纹的产生，并可预防唇炎、口角炎的发生，是一种很好的减肥、美容类瓜菜。但因为腌黄瓜含盐，摄入过多食盐会不利身体健康，所以应少吃腌黄瓜。

086

青笋烧牛筋

主料

牛筋200克　青笋100克

辅料

胡椒粉3克　　精盐5克　　料酒20克　　白糖3克
鲜汤300克　　味精5克　　噲汁10克　　姜茸15克
湿淀粉20克　　芝麻油5克　烹调油30克

烹制秘技

❶　将牛筋撕去油膜洗净，切成滚刀块。青笋治净，切成同样大小的块。

❷　锅置火上，放入烹调油烧至六成热，下牛筋、姜茸略炒，烹入鲜汤，加精盐、胡椒粉、噲汁、料酒、白糖等调味料烧熟，再下青笋烧熟，勾湿淀粉，放入味精，淋芝麻油，起锅装盘即成。

厨房秘笈

烹制好的汤菜，不小心多放了盐，味道太咸，加几块豆腐或西红柿到汤中，就能减淡汤菜的咸味，而且不用加水，还能保持汤菜的原味。

瘦身美容秘诀

杏子含有丰富的维生素A和维生素E。前者可预防癌症、消除疲劳，后者能促进皮肤中的血液循环，使皮肤红润光泽，还可以保持肌肤光滑，防止皱纹产生。是常用的美容食品之一。

吃不胖的秘密——

鲜鱿鱼200克
青笋100克

美极鲜味汁15克
芝麻油10克
烹调油50克
胡椒粉5克
味精5克
白糖5克
精盐5克

087
青笋鱿花

烹制秘技

1 将鲜鱿鱼撕去膜治净，剞成十字花刀，改刀成三角形的块。青笋治净，切成一字条，入沸水锅汆断生，捞出待用。

2 锅置火上，放入烹调油烧至七成热时，下鲜鱿鱼炒卷花，投入青笋，放精盐、美极鲜味汁、胡椒粉、白糖、味精等调味料炒入味，淋芝麻油即成。

厨房秘笈

苹果放置时间长了，会因为缩水而失去鲜味，把这种苹果放在葡萄酒中，加些砂糖煮一下，苹果就会出现独有的一种风味。

瘦身美容秘诀

荸荠古称凫茈，俗称马蹄，又称地栗。皮色紫黑，肉质洁白，味甜多汁，清脆可口，有"地下雪梨"之美誉。具有凉血解毒、利尿通便、祛痰、消食除胀、调理痔疮或痢疾便血、妇女崩漏、阴虚肺燥、痰热咳嗽、咽喉不利等功效，对肺癌、食道癌和乳腺癌有防治作用。

主料

鳜鱼600克

辅料

鱼豉油20克
葱丝10克
姜丝10克
料酒20克
精盐8克

088

清蒸鳜鱼

烹制秘技

1. 将鳜鱼去鳞洗净，摆放在盘内，鱼身撒上葱丝、姜丝、料酒、精盐。

2. 蒸锅置火上，鳜鱼盘上笼，加盖蒸10分钟出笼，淋鱼豉油既成。

厨房秘笈

怎样做肉丸？做肉馅时顺着一个方向搅拌肉茸，等水烧沸腾后再将肉茸挤入水中煮熟，这样做出的肉丸味道鲜嫩，形状不散。

瘦身美容秘诀

鳜鱼含有蛋白质、脂肪、维生素、钙、钾、镁、硒等营养元素，肉质细嫩，极易消化。鳜鱼肉的热量不高，富含抗氧化成分，是爱美食又怕肥胖者的最佳食物。

主料

水果番茄50克
莲子50克
儿菜50克

辅料

鲜汤150克
精盐5克
白糖5克
芝麻油5克
味精2克
鱼露10克

089 三色素烩

烹制秘技

1 将莲子放温水中浸泡回软，入沸水锅氽熟后备用。儿菜去筋，洗净。水果番茄去蒂，洗净。

2 锅置火上，加鲜汤、精盐、白糖、鱼露、味精、莲子烧开，下儿菜煮断生，放水果番茄略煮，淋入芝麻油即成。

厨房秘笈

烹饪前将虾仁用精盐、少许食用碱粉码匀，再用清水浸泡洗净，这样炒出的虾仁透明如水晶，爽嫩可口。

瘦身美容秘诀

莲子营养十分丰富，除含有大量淀粉外，还含有β—谷甾醇，生物碱及丰富的钙、磷、铁等矿物质和维生素。《本草纲目》说：莲子有养心安神、健脑益智、消除疲劳等功效。现代药理研究证实，莲子有镇静、强心、抗衰老等多种作用。

主料

水果番茄30克
鲜贝200克
青笋50克
菠萝50克

辅料

桂花酱20克
吉士粉30克
蛋奶30克
白糖10克
料酒10克
精盐5克

090

三色鲜贝

烹制秘技

1 将鲜贝治净，加料酒、精盐、吉士粉拌匀，入油锅氽熟待用。青笋治净，切成丁，入沸水锅氽断生。菠萝去皮治净，切成丁。水果番茄择洗干净。

2 锅置火上，放入蛋奶、桂花酱、白糖调匀味，加鲜贝、青笋、菠萝、水果番茄炒匀，起锅入盘即成。

厨房秘笈

贝类本身极富鲜味，烹制时千万不要再加味精，也不宜多放盐，以免鲜味被破坏。贝类中的泥肠不能食用，烹饪前要剔除干净。

瘦身美容秘诀

贝肉中含有可抑制胆固醇在肝脏形成，进而使体内胆固醇下降的物质，具有补肾壮阳、健胃的功效。是天然美肤，延缓皮肤衰老，维持肌肤弹性的食疗美容补品。

091 桑菇兰花鲍

主料

鲜鲍鱼200克　桑枝菇100克
西兰花50克

辅料

湿淀粉20克　葱茸10克　精盐5克
化鸡油10克　鲜汤100克　味精5克
咖喱粉10克　生抽酱油10克

烹制秘技

❶ 将桑枝菇去蒂、西兰花改刀切成块，和鲜鲍鱼分别洗净，入沸水锅中汆断生，捞出待用。

❷ 锅置火上，放入鲜汤，加葱茸、精盐、咖喱粉、生抽酱油烧开，倒入鲜鲍鱼略烧，下桑枝菇、西兰花烧熟，勾湿淀粉，放味精、化鸡油起锅入盘即成。

厨房秘笈

怎么处理新鲜鲍鱼？先用刷子刷洗干净鲍鱼壳，再将完整的鲍肉挖出，切去中间与周围的坚硬组织，最后用粗盐将附着的黏液清洗干净，就可入烹饪了。

瘦身美容秘诀

中医认为鲍鱼具有滋阴补阳、止渴通淋的功效，是一种补而不燥的海产贝类，能养阴、平肝、固肾，调节肾上腺分泌，调节血压，润燥利肠，治月经不调、大便秘结等，吃后有利身体健康。

092 山药烧牛筋

烹制秘技

❶　将牛筋撕去油膜，治净，切成斜刀块，入沸水汆煮，捞出待用。山药刮洗净，切成滚刀块。青柿椒、红柿椒切成菱形片。

❷　锅置火上，放入鲜汤，下牛筋、精盐、胡椒粉、喼汁、白糖等调味料烧熟软，再放山药、青柿椒、红柿椒烧熟入味，放味精炒匀，下湿淀粉勾芡收汁，淋芝麻油即成。

厨房秘笈

清蒸有腥味的活鱼时，可用啤酒将活鱼腌浸10分钟，然后再蒸，这样蒸出来的鱼不仅没有腥味，而且更加鲜嫩。

瘦身美容秘诀

山药中含有大量淀粉及蛋白质、维生素B、维生素C、维生素E、葡萄糖、氨基酸等。其中营养成分薯蓣皂是合成女性荷尔蒙的重要物质，有滋阴补阳、促进新陈代谢的功效。

吃不胖的秘密——

主料

胡萝卜100克
虾饺200克
青椒30克

辅料

花生酱20克
湿淀粉20克
烹调油30克
鲜汤100克
胡椒粉3克
精盐8克
味精5克

093

珊瑚虾饺

烹制秘技

1. 将胡萝卜、青椒分别治净，切成一字条，胡萝卜入沸水锅氽断生，捞出待用。

2. 锅置火上，放入烹调油烧至四成热时，下青椒和花生酱略炒，烹入鲜汤，加虾饺、胡萝卜和精盐、胡椒粉等调味料烧入味，勾湿淀粉，放入味精即成。

厨房秘笈

蒸鱼时，先在鱼上涂抹一些干面粉，蒸的过程中不能揭锅盖，10分钟后鱼就熟了，而且味道更鲜嫩。

瘦身美容秘诀

常见补血蔬菜有菠菜、苜蓿菜、石蚕、水芹菜、抱子甘蓝、绿苋菜、荠菜、蚕豆芽、毛豆、青蚕豆等，常食有益健康。

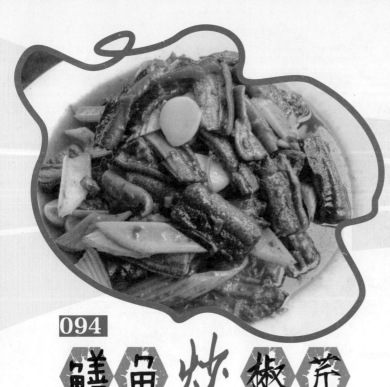

鳝鱼炒椒芹

主料

鲜活鳝鱼200克
红柿椒100克
西芹100克

辅料

蒜片15克	豆瓣酱30克
姜茸15克	生抽酱油15克
精盐5克	芝麻油10克
鲜汤20克	湿淀粉50克
料酒10克	烹调油80克
白糖2克	味精5克
醋5克	

烹制秘技

1. 将鲜活鳝鱼剖开，去头、骨、内脏，切成段，用料酒、精盐、湿淀粉拌匀码味。西芹、红柿椒治净，切成菱形片。

2. 取碗放入生抽酱油、醋、白糖、味精、鲜汤、精盐、湿淀粉对成汁。

3. 锅置火上，放烹调油烧至七成热时，投入鳝鱼段炒散，下蒜片、豆瓣酱、姜茸、红柿椒、西芹炒断生，烹入滋汁收汁，淋芝麻油即成。

厨房秘笈

四季豆含有皂甙和血球凝集素，如未煮熟食用后会引起中毒，所以烹制豆角时一定要断生，临起锅前多加点蒜，不但可以使成菜味道更适口，还能起到杀菌解毒的作用。

瘦身美容秘诀

鳝鱼肉中含有丰富的卵磷脂、维生素A，含脂肪极少，有补脑健身的功效。所含特有的"鳝鱼素"能调节血糖，对糖尿病有较好的治疗作用，是糖尿病患者的理想食品。常吃鳝鱼对身体虚弱、病后以及产后之人有很好的补益效果。

095 烧椒拌凉粉

主料

米凉粉250克　青辣椒20克

辅料

姜茸15克　葱茸10克　老抽酱油15克　豆豉20克
香醋10克　蒜茸15克　红辣椒油30克　味精5克

烹制秘技

❶ 将米凉粉切成小指条。青辣椒洗净，放在旺火上烧熟，撕成条。

❷ 取碗装入豆豉、老抽酱油、姜茸、葱茸、香醋、蒜茸、味精调匀成味汁。

❸ 将米凉粉装盘内，铺上撕好的烧辣椒条，浇上调好的味汁，淋红辣椒油即成。

厨房秘笈

用清水煮新鲜笋时加少许精盐，不仅新笋容易煮熟，而且成菜脆嫩可口。

瘦身美容秘诀

豆腐，古称"福黎"，是我国素食菜肴的主要原料，被誉为"植物肉"。豆腐主要以大豆为原料加工制成，营养价值较高，是高蛋白、低脂肪的食品。其性味甘微寒。能补脾益胃，清热润燥，利小便，解热毒。具有降血压，降血脂，降胆固醇的功效。

096

生拌茼蒿

主料

茼蒿300克　红柿椒15克

辅料

味精5克　沙拉酱20克
白糖5克　葱油10克　香醋8克

烹制秘技

❶　将茼蒿择洗净。

❷　取盆放入沙拉酱、味精、白糖、香醋搅匀，再放入鲜茼蒿拌匀，淋入葱油即成。

厨房秘笈

蔬菜应先洗再切，因为在切的过程中，营养素就开始流失了，接触水溶性的维生素就更容易流失，故先洗可减少营养流失。

瘦身美容秘诀

茼蒿又叫皇帝菜，胡萝卜素的含量极高，是黄瓜、茄子含量的20～30倍，有"天然保健品，植物营养素"之美称。所含特殊香味的挥发油，有助于宽中理气，消食开胃，增加食欲；丰富的粗纤维有助肠道蠕动。口感清气甘香，鲜香嫩脆，食之可以养心安神、稳定情绪，降压补脑，防止记忆力减退。

主料

鲜蕨菜200克
红柿椒30克

辅料

白糖2克
味精3克
精盐10克
姜茸15克
蒜茸10克
烹调油60克
芝麻油10克

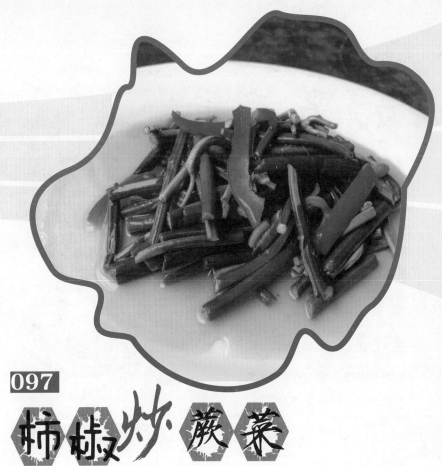

097

柿椒炒蕨菜

烹制秘技

1. 将鲜蕨菜择洗净，切成6厘米长的节，入沸水锅汆煮，捞起晾凉待用。红柿椒治净，切成筷子条。

2. 锅置火上，放入烹调油烧至五成热时，下红柿椒、姜茸、蒜茸炒出味，倒入蕨菜和精盐、白糖、味精等调味料炒熟，淋入芝麻油，起锅入盘即成。

厨房秘笈

炖老母鸡时，先用凉水加少量食醋泡2小时，再用小火煮，鸡肉就会变嫩。

瘦身美容秘诀

将干荷叶和干冬瓜皮按1：2的比例搭配好，每日取50克泡水喝，有去油排脂之功效。喝冬瓜荷叶茶期间忌食肥肉，持之以恒定能达到减肥的目的。

᠊᠊᠊ 吃不胖的秘密——

098
双果莲芹

水果番茄50克
花生50克
鲜莲子50克
西芹50克

辅料

蛋黄酱20克　精盐5克
湿淀粉25克　鲜汤300克
奶油20克

烹制秘技

1 将花生泡涨，去膜，洗净。鲜莲子去芯，用温水泡软，洗净。西芹切成菱形块。水果番茄去蒂，洗净。

2 锅置火上，加鲜汤、精盐、蛋黄酱、奶油烧开，下花生、莲子、西芹煮断生，下水果番茄，勾湿淀粉起锅入盘即成。

厨房秘笈

　　有些蔬菜，如菠菜、苋菜等带有土腥味或涩口味，要想除去这些味道，可先把水烧开，迅速投入蔬菜焯过，然后捞出沥干水分再用于烹饪。

瘦身美容秘诀

　　白果营养丰富，香甜细软，滋味极佳，可以治疗痰多喘咳、带下白浊、遗尿尿频。《现代实用中药》：白果"核仁治喘息,头晕,耳鸣,慢性淋浊及妇人带下。"

099

素炒四丁

 主料

魔芋豆腐100克　胡萝卜50克
鸡腿菇50克　　　青笋50克

辅料

精盐8克　胡椒粉5克　蒜茸25克　姜茸15克
味精3克　烹调油50克　芝麻油10克

烹制秘技

❶　将魔芋豆腐切成丁，入沸水锅氽煮后待用。胡萝卜、青笋、鸡腿菇分别治净，切成丁。

❷　锅置火上，放入烹调油烧至五成热时，下蒜茸、姜茸炒出味，投入魔芋豆腐、胡萝卜、青笋、鸡腿菇、精盐、胡椒粉、味精等调味料烧入味，淋芝麻油即成。

厨房秘笈

将切好的茄子放在冷水中浸泡20分钟，然后再烹饪，这样即省油，又不会让茄子变色。

瘦身美容秘诀

苜蓿菜为豆科植物紫苜蓿的嫩茎叶，具有清热利尿、舒筋活络、疏利肠道、排石、补血止喘等功效。含丰富的蛋白质、脂肪、粗纤维、大豆黄酮，以及钙、磷、铁等微量元素，其中大量的铁元素是治疗贫血的辅助食品，多食可使脸色红润，容光焕发。

主料

苦菊菜50克
紫生菜50克
圣女果50克

辅料

沙拉酱80克

100

蔬菜沙拉

烹 制 秘 技

1. 把苦菊菜、紫生菜等洗净，用手撕成小块。

2. 将撕成块的叶类蔬菜放入盘中，摆上圣女果，淋上沙拉酱即成。

厨房秘笈

　　炖牛肉时加一小撮茶叶（约为泡1壶茶的量，用纱布包好）同煮，可以使牛肉快速炖熟软且味道鲜美。

瘦身美容秘诀

　　圣女果就是小品种番茄，味甘甜微酸，具有清热解毒、补中和血、益气生津、健胃消食等作用。红色番茄可以预防癌症；粉红色的番茄红素和胡萝卜素都很少；橙色番茄红素含量少，但胡萝卜素含量高一些；浅黄色番茄，含少量胡萝卜素，不含番茄红素。每个人应根据自身体质需要挑选不同的圣女果。

鲜麦粒200克
红柿椒50克
鲜笋50克

辅料

美极鲜味汁10克
海鲜酱20克
芝麻油10克
烹调油50克
胡椒粉3克
精盐8克
味精5克

101

双丁炒麦粒

烹制秘技

1. 将鲜麦粒择洗净，鲜笋治净切粒，分别入沸水锅汆断生，捞出待用。红柿椒治净，切成粒。

2. 锅置火上，放入烹调油烧至六成热，下红柿椒粒、鲜笋粒、海鲜酱炒散，加入鲜麦粒和精盐、美极鲜味汁、胡椒粉、味精等调味料炒入味，淋芝麻油，起锅入盘即成。

厨房秘笈

　　冰糖入锅加油，用微火炒化，至锅里翻起小泡时加清水熬制，直到气泡消失糖液呈深红色。糖色熬制好后就可用于卤菜或烧菜。

瘦身美容秘诀

　　麦粒含有丰富的淀粉、蛋白质、维生素B、少量的脂肪和多种矿物质元素，是一种营养丰富、热能较高的食物。食用后有利身体健康。

102 双椒鸭掌

脱骨鸭掌200克　青笋丝150克
红椒圈15克

青花椒20克　豉油20克　色拉油50克

烹制秘技

❶ 把鸭掌煮熟，捞起放凉，将骨剔去待用。青笋丝过水捞起沥干。

❷ 青笋丝放入盘内，再把鸭掌放在上面，淋入豉油。

❸ 锅置火上，放入色拉油烧至五成热，下红椒圈、青花椒爆香，淋在已装好
盘的鸭掌上即成。

厨房秘笈

　　做菜汤时，应先将水烧
开，再放绿叶蔬菜，这样才
能保持蔬菜的鲜绿色和清香
味。

瘦身美容秘诀

　　莲子芯具有降低血压，祛心火
的功效，可治疗口舌生疮，并有助
于睡眠。

103 双色魔条

主料

胡萝卜100克   青笋100克
魔芋豆腐100克

辅料

精盐5克   芝麻油20克   蒜茸25克
香醋5克   湿淀粉20克   蚝油10克
味精5克   鲜汤300克   胡椒粉3克

烹制秘技

❶ 将魔芋豆腐切成一字条，入锅氽煮后待用。胡萝卜、青笋分别切成一字条。

❷ 锅置火上，加鲜汤，放入魔芋豆腐和精盐、胡椒粉、蒜茸、蚝油、香醋等调味料烧开，下胡萝卜、青笋烧熟入味，下味精，勾湿淀粉，淋芝麻油，起锅装盘即成。

厨房秘笈

烹制烧土豆时，先将土豆去皮，再切成块，加精盐拌匀，这样处理过的土豆易烧软入味，且不会散烂。

瘦身美容秘诀

用黄瓜除面部皱纹：鲜黄瓜汁2调羹，加入约1只鸡蛋清搅匀，每晚睡前先洗脸，再涂抹面部皱纹处，次日晨用温水洗净，连用15~30天，能使面部皮肤逐渐收缩，消除皱纹。

104
双色蹄筋

主料

水发蹄筋200克　儿菜50克
胡萝卜50克

辅料

精盐10克　　胡椒粉2克　　香叶3克　　八角1克
味精15克　　湿淀粉20克　　姜茸5克　　白糖2克
料酒15克　　鲜汤200克　　姜片10克　　葱节20克
美极鲜味汁5克　　烹调油50克　　芝麻油10克

烹制秘技

❶ 将水发蹄筋撕去油筋，切成斜节，放入沸水，加姜片、葱节、料酒煮去异味。儿菜去蒂洗净，胡萝卜洗净，分别切成块。

❷ 锅置火上，放入烹调油烧至四成热，下香叶、八角、姜茸炒出香味，倒入鲜汤，加精盐、胡椒粉、白糖、美极鲜味汁烧开，再下水发蹄筋、儿菜、胡萝卜烧熟，勾湿淀粉，加味精，淋芝麻油起锅入盘即成。

厨房秘笈

先用清水把干蹄筋洗净，放入冷水锅中煮2~3小时，捞出去掉外皮，另换清水烧开，改用小火煮透至质感回软、透明，换清水漂净，蹄筋即水发成功，烹饪时再改刀成型。

瘦身美容秘诀

猪皮含丰富的胶原蛋白，能增强人体细胞代谢，使皮肤更富有弹性和韧性，延缓皮肤的衰老，提高美容效果。

105

蔬果沙拉

主料

雪莲果50克　菠萝50克　黄瓜50克
水果番茄50克　生菜30克

辅料

沙拉酱10克

烹制秘技

❶ 菠萝、雪莲果、黄瓜分别治净，切成滚刀块。水果番茄去蒂，治净。

❷ 取盆放入菠萝、雪莲、黄瓜、水果番茄和沙拉酱拌匀，入盘点缀生菜即成。

厨房秘笈

煎荷包蛋时，在蛋清、蛋黄即将凝固时，浇上一汤匙冷开水，可使蛋熟后色黄味嫩，色味俱佳。

瘦身美容秘诀

火龙果汁多味甜，具有排毒解毒、保护胃壁、抗衰老、降血糖、润肠滑肠、预防大肠癌发生，防止脑细胞衰老的功效。常食可以美白皮肤、养颜健身，还可以减肥。

水果鱼唇

主料

水果番茄50克
鱼唇200克
黄瓜50克
菠萝50克

辅料

番茄酱20克　白糖20克　精盐5克
柠檬汁20克　酸奶10克　姜茸10克
橄榄油30克　料酒20克　葱茸10克

烹制秘技

1. 将鲜鱼唇治净，切成块，放入沸水加少许料酒、姜茸、葱茸汆煮，捞出待用。黄瓜、菠萝分别治净，切成块。水果番茄治净。

2. 锅置火上，放入橄榄油烧至四成热时，下番茄酱、白糖炒散，再下姜茸、葱茸略炒，加鱼唇、黄瓜、水果番茄、菠萝，下柠檬汁、精盐、酸奶、料酒等调味料炒匀，起锅入盘即成。

厨房秘笈

　　大米中含有维生素和无机盐，这两样东西特别容易溶于水，所以淘米次数不宜过多，以2~3次为宜，淘米时用手轻轻搅拌，不要使劲揉搓，以免营养物质流失。

瘦身美容秘诀

　　葫芦瓜，又名葫芦、蒲瓜，是人们夏令时节常吃的果蔬。葫芦瓜含有丰富的维生素C、蛋白质、胡萝卜素及多种微量元素，食后可提高人体抗病毒能力，增强免疫功能，阻止人体内癌细胞的形成，降低癌症的发病率，起到防癌抗癌的作用。特别适合免疫力低下、高血糖和癌症患者食用，是可消肿结、润肌肤的优质瓜菜。

主料

胡萝卜100克
白果100克
黄瓜100克
花生粒50克

辅料

精盐8克
味精5克
蒜茸50克
姜茸10克
芝麻油20克
烹调油50克

107 蒜香四丁

烹制秘技

1. 将黄瓜、胡萝卜分别切成丁。银杏治净，入沸水锅煮熟待用。花生粒用温水浸泡1小时，去皮，盐水煮熟，晾凉。

2. 锅置火上，放入烹调油烧至五成热时，下胡萝卜、黄瓜、蒜茸、姜茸略炒，下花生粒、白果和精盐、味精等调味料炒熟，起锅入盘即成。

厨房秘笈

烹制茄子时，在锅里放点醋，炒出的茄子颜色不会变黑。

瘦身美容秘诀

热桑根水能促进头皮血液循环，使头发再生，并治头屑、头痒。每天用桑树根皮热水洗头，洗后不用清水过头，连用5天有固发作用。

主料

素鲍鱼200克
青柿椒30克
红柿椒30克
洋葱100克

辅料

精盐3克　　　胡椒粉5克
味精3克　　　葱茸10克
姜茸25克　　　烹调油60克
芝麻油10克　　美极鲜味汁15克

108

素鲍炒洋葱

烹制秘技

1 将素鲍鱼切成片。洋葱、青柿椒、红柿椒分别治净，切成片。

2 锅置火上，放入烹调油烧至五成热时，下青柿椒、红柿椒、洋葱片、葱茸、姜茸炒出香味，加素鲍鱼和精盐、胡椒粉、味精、美极鲜味汁等调味料炒匀，淋芝麻油，起锅入盘即成。

厨房秘笈

烹烧牛肉、羊肉时，放几枚红枣，可使肉质软熟得特别快。

瘦身美容秘诀

洋葱营养丰富，富含蛋白质、纤维、胡萝卜素、多种维生素等物质，其中的"栎皮黄素"是目前所知最有效的天然抗癌物质之一，它能阻止人体内的癌细胞生长，所含的微量元素硒能增强细胞的活力和代谢能力，具有防癌抗衰老的功效，是预防糖尿病、抗衰老的美容食疗佳蔬。

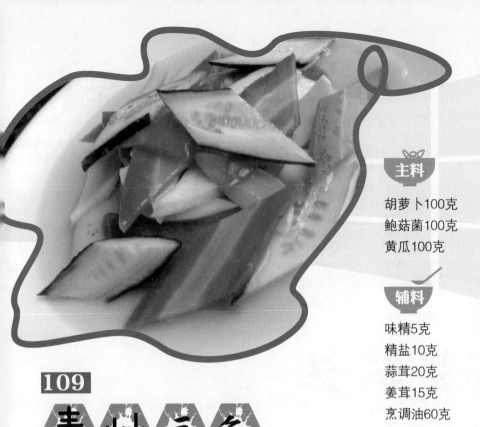

胡萝卜100克
鲍菇菌100克
黄瓜100克

辅料

味精5克
精盐10克
蒜茸20克
姜茸15克
烹调油60克
芝麻油10克

109 素炒三色

烹制秘技

1 将黄瓜、胡萝卜、鲍菇菌分别治净，切成菱形片。

2 锅置火上，放入烹调油烧至五成热时，下黄瓜、胡萝卜、鲍菇菌和精盐、蒜茸、姜茸等调味料炒熟，放味精，淋芝麻油即成。

厨房秘笈

泡发干海带时，在清水中放点食用醋，或直接用淘米水浸泡，海带就能很快泡软。

瘦身美容秘诀

用白醋、甘油按5:1混合，每天2~3次擦皮肤，可使皮肤保持湿润，并减少黑色素沉积。连用一月后，粗黑的皮肤会变得细腻白嫩，洁净光滑富有弹性，充满美感。

素炒双丝

主料

西芹100克　金针菇100克
红柿椒20克

辅料

烹调油50克　精盐8克　胡椒粉2克
芝麻油10克　味精5克　姜茸15克
白糖5克

烹制秘技

❶　将西芹、红柿椒择洗净，切成二粗丝。金针菇去蒂，择洗净。

❷　锅置火上，放烹调油烧至六成热时，下红柿椒、姜茸略炒，放西芹、金针菇炒熟，放味精、精盐、胡椒粉、白糖，淋入芝麻油，起锅即成。

厨房秘笈

叶类蔬菜和根茎类蔬菜中的维生素C等营养物质不耐热，水煮时很容易溶解到汤汁里，所以吃完菜后，最好连汤一起喝。

瘦身美容秘诀

《神农本草经》说，芝麻"伤中虚羸，补五内、益气力、长肌肉、填精益髓。"黑芝麻含有油酸、亚油酸、棕榈酸、花生酸、维生素E、叶酸、烟酸、蛋白质和多量钙等成分。其味甘，性平，经常食用可滋补肝肾、润燥滑肠、美白祛斑。

111 素烩蟹丸

主料

嫩玉米200克　蟹丸100克　西兰花100克
水果番茄20克　猴头菇50克

辅料

精盐8克　胡椒粉5克　化鸡油10克
味精5克　湿淀粉15克　鲜汤200克

烹制秘技

❶　将嫩玉米、西兰花治净切成块，入沸水氽断生，捞出待用。猴头菇洗净，切成块。水果番茄去蒂洗净，切成两瓣。

❷　锅置火上，放入鲜汤和精盐、胡椒粉、化鸡油烧开，投入蟹丸、嫩玉米、西兰花块、猴头菇、水果番茄烧熟，勾湿淀粉，放入味精，起锅入盘即成。

厨房秘笈

烧肉时不宜过早放盐，因精盐的分子结构是氯化钠，过早放入会使肉中的蛋白质凝固，从而造成肉块缩小，肉质变硬，使肉不易烧软糯。

瘦身美容秘诀

猴头菇营养丰富，具有健胃、补虚、抗癌、益肾精之功效。含挥发油、蛋白质、多糖类、氨基酸等成分，对神经衰弱、食道癌、胃癌、眩晕、阳痿等病症有一定的治疗效果。经常食用猴头菇有滋补强身、美颜健身的作用。

 **主料**

莲子50克 儿菜50克
香菇50克 水果番茄50克

 辅料

胡椒粉2克 精盐5克
五香粉3克 鱼露10克
鲜汤400克 姜茸10克
芝麻油10克 葱茸15克
湿淀粉25克

112

素烧四宝

烹制秘技

1 将莲子去心，洗净用温水泡软。香菇去蒂洗净，切为二片。

2 锅置火上，放鲜汤、莲子、精盐、鱼露、胡椒粉、五香粉、葱茸、姜茸烧开，下儿菜、香菇烧熟，再放水果番茄，勾湿淀粉，淋芝麻油即成。

厨房秘笈

煎鱼时先在鱼身上抹一层精盐，腌渍5分钟左右，以减少鱼皮水分，等鱼皮稍稍变硬，再放进油锅煎就不会破皮了。

瘦身美容秘诀

西红柿又名爱情果，富含丰富的维生素C、维生素A、叶酸、钾以及茄红素等营养元素，有清热止渴、养阴凉血、生津止渴的功效，多食可以让女孩子们更加美丽。

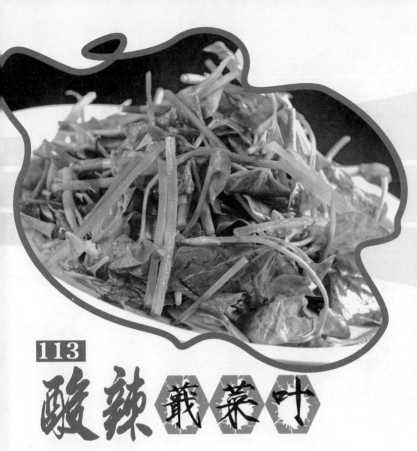

主料

蕺菜叶200克
青笋丝50克

辅料

红辣椒油30克
生抽酱油10克
芝麻油10克
精盐10克
姜末15克
葱花10克
味精5克
白糖6克
醋15克

113

酸辣蕺菜叶

烹制秘技

1. 将蕺菜叶择洗净，沥干水分。青笋去皮，切成细丝。

2. 取碗装入精盐、白糖、味精、醋、生抽酱油调成味汁。

3. 蕺菜叶和青笋丝依次装盘，放姜末、葱花，淋味汁、红辣椒油、芝麻油拌匀即成。

厨房秘笈

炒鸡蛋时加入少量的白糖，会使蛋白质的凝固温度上升，从而延长加热时间。白糖的保水性还可使蛋制品变得蓬松柔软。

瘦身美容秘诀

蕺菜具清热解毒，利尿消肿的功效，常食用对妇女子宫内膜炎、宫颈炎、附件炎、带下病腥臭，以及急性乳腺炎有治疗作用。

114

桃仁蹄筋

主料

水发蹄筋200克　桃仁50克
红柿椒30克　　西芹40克

辅料

十三香5克　精盐5克　姜50克　料酒20克
湿淀粉15克　味精3克　葱50克　鲜汤200克
烹调油50克

烹制秘技

❶　姜、葱洗净，一半切片，一半剁成茸。将水发蹄筋去油筋，切成节，入沸水锅加葱片、姜片、料酒煮去异味，捞出待用。西芹、红柿椒治净，切成菱形片。

❷　锅置火上，放入烹调油烧五成热时，下姜茸、葱茸炒出香味，加鲜汤、精盐、十三香、水发蹄筋烧熟软，加桃仁、西芹、红柿椒烧熟，勾湿淀粉，放味精调匀即成。

厨房秘笈

　　如果菜肴太辣，会让很多人受不了。要想减轻辣味，可在辣椒中放点醋冲淡辣味。

瘦身美容秘诀

　　桃仁就是桃核里的仁，营养丰富，富含植物油脂，香甜可口。李时珍《本草纲目》："桃仁行血，宜连皮尖生用。"

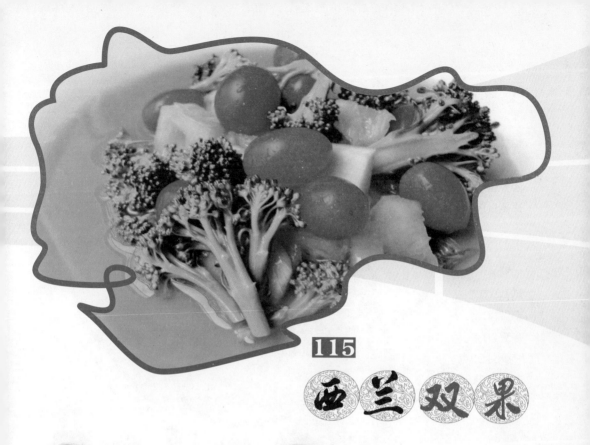

 主料

西兰花100克　菠萝100克
水果番茄50克

 辅料

精盐8克　芝麻油10克　姜茸10克　味精2克
白糖5克　鲜汤200克　湿淀粉20克

烹制秘技

❶　将西兰花、菠萝治净，分别切成同样大小的块。水果番茄治净。

❷　锅置火上，放入鲜汤和精盐、白糖、姜茸、味精等调味料烧开，倒入西兰花煮断生，加菠萝、水果番茄略煮，勾湿淀粉，淋入芝麻油即成。

厨房秘笈

蒸制的菜肴能保持原料的外形不变，颜色丰富，减少所含营养物质的流失，是一种较健康的烹饪方式。

瘦身美容秘诀

饭后1~2小时，以每小时5公里的速度步行20分钟，热量消耗最大，减肥效果最好。

主料

鲜活花蛤200克
红柿椒20克
西芹50克
洋葱50克

辅料

精盐5克
蒜茸30克
姜茸20克
烹调油30克
美极鲜味汁15克

116 西芹爆花蛤

烹制秘技

1. 将鲜活花蛤洗净，投入沸水锅煮开口，捞出待用。红柿椒治净，切成粒。西芹切成节。洋葱切成片。

2. 锅置火上，放入烹调油烧至六成热时，下红柿椒、洋葱、蒜茸、西芹、姜茸炒出味，倒入花蛤和美极鲜味汁、精盐等调味料炒匀，起锅入盘即成。

厨房秘笈

煮海带时，锅里加几滴醋，或者放几棵菠菜，海带容易熟软。

瘦身美容秘诀

花蛤富含蛋白质、铁、钙等营养物质，其肉中特有的物质可降低人体内胆固醇，是减肥美容的优良食品。

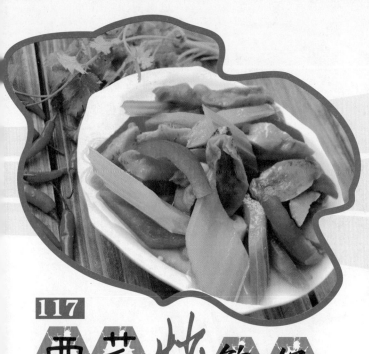

主料

鲜鲍仔200克　西芹100克
红柿椒50克

辅料

胡椒粉5克　蒜茸15克
烹调油80克　蚝油30克
芝麻油15克　姜茸10克
葱茸15克　味精5克
精盐5克

117

西芹炒鲍仔

烹制秘技

1 将鲜鲍仔洗净，入沸水锅中汆断生，捞出待用。西芹、红柿椒洗净，分别切成菱形片待用。

2 锅置火上，放入烹调油烧至五成热时，投入西芹、红柿椒、蒜茸、姜茸、葱茸炒出香味，倒入鲜鲍仔和蚝油、精盐、胡椒粉炒匀，起锅前放味精，入盘即成。

厨房秘笈

　　烹制干鲍鱼用时较长，需要用高汤反复煨味，只有使干鲍鱼充分吸收水分后，方能使之肉质鲜嫩，香味浓郁。

瘦身美容秘诀

　　钙是人体代谢不可缺少的重要物质，多食鲍鱼可促使人体吸收钙质，因而具有补钙的功能。日常生活中注意补钙，有利于美容健身。

118 西芹炒洋葱

主料

洋葱100克　西芹100克
红柿椒30克

辅料

胡椒粉4克　精盐5克　烹调油60克
姜茸15克　味精3克　芝麻油10克
美极鲜味汁10克

烹制秘技

❶ 将洋葱治净，切成片。西芹、红柿椒治净，分别切成菱形片。

❷ 锅置火上，放入烹调油烧至五成热时，下红柿椒、洋葱、西芹炒出香味，加精盐、姜茸、胡椒粉、美极鲜味汁、味精等调味料炒熟，起锅入盘，淋入芝麻油即成。

厨房秘笈

煮鸡蛋时，在水中加些醋，即便蛋壳煮破了，煮的过程中蛋液也不会流出，而且煮熟的鸡蛋容易剥壳。

瘦身美容秘诀

取等量食盐和小苏打加适量水，调成牙膏状，每日用来刷牙一次，3~4天可消除牙齿表层所有的色斑，使牙齿洁白如莹。

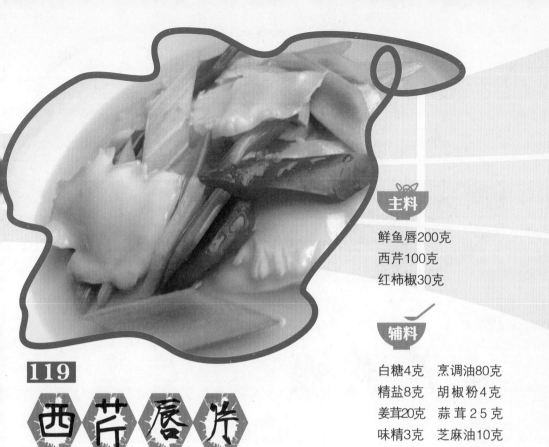

主料

鲜鱼唇200克
西芹100克
红柿椒30克

辅料

白糖4克   烹调油80克
精盐8克   胡椒粉4克
姜茸20克   蒜茸25克
味精3克   芝麻油10克

119

西芹唇片

烹制秘技

1. 将鱼唇治净，切成片，投入鲜汤汆断生，待用。西芹、红柿椒治净，分别切成菱形片。

2. 锅置火上，放入烹调油烧至五成热时，下西芹、红柿椒炒出味，倒入鱼唇，放白糖、精盐、胡椒粉、姜茸、蒜茸、味精等调味料炒匀，淋芝麻油，起锅入盘即成。

厨房秘笈

按每500克面粉加一个鸡蛋的比例和面，擀出的饺子皮就不会粘连。在水里放一节大葱烧开或在水烧开后加点盐，再放饺子，煮熟的饺子味道鲜美。

瘦身美容秘诀

橘子营养价值很高，含有十分丰厚的蛋白质、有机酸、维生素及钙、磷、镁、钠等人体必需的物质，有健胃、润肺、补血、清肠、利便等功效，可促进伤口愈合，还可降低血液的黏稠度，降低血栓的形成概率，对脑血管疾病有较好的预防效果。

120

 西芹黄喉

 主料

猪黄喉200克　西芹100克
红柿椒50克

 辅料

海鲜酱20克　精盐5克　蒜茸15克　胡椒粉3克
烹调油80克　味精2克　姜茸10克　芝麻油5克

 烹制秘技

❶　将猪黄喉去油筋洗净，切成菱形块入沸水锅汆断生。西芹、红柿椒分别治净，切成菱形块。

❷　锅置火上，放入烹调油烧至七成热时，下红柿椒、西芹、海鲜酱炒出味，投入猪黄喉，再下精盐、蒜茸、姜茸、胡椒粉、味精炒断生，淋芝麻油翻匀入味，起锅入盘即成。

 厨房秘笈

烹饪豆芽时加少许醋，可除去豆芽的土腥味。

 瘦身美容秘诀

芹菜是高纤维食物，含一种抗氧化的物质，这种物质进入人体后在高浓度时可抑制肠内细菌繁殖，减少残渣在人体内的滞留时间，减少致癌物与结肠黏膜的接触，达到预防结肠癌的目的。

主料

鲍菇菌50克　洋葱100克
红柿椒30克　西芹50克

辅料

精盐8克　芝麻油10克
味精5克　烹调油60克
姜茸15克　蒜茸20克
白糖25克

121

西芹葱椒菇

烹 制 秘 技

1. 将洋葱治净切成片；西芹、红柿椒、鲍菇菌分别治净，切成菱形片。

2. 锅置火上，放入烹调油烧至六成热时，下洋葱、西芹、红柿椒略炒，下鲍菇菌
   和精盐、蒜茸、姜茸、白糖、味精等调味料炒熟，淋芝麻油，起锅入盘即成。

厨房秘笈

煮薰咸肉时，在锅里放几个钻有小孔的核桃同煮，可去除烟薰味。

瘦身美容秘诀

桃子性温，味甘酸，能消暑止渴、清热润肺，有"肺之果"之称，适宜肺
病患者食用。

122

鲜贝炒芦笋

 主料

鲜贝200克　芦笋100克
红柿椒30克

辅料

精盐3克　　胡椒粉5克　　姜茸10克　　　鲜汤20克
料酒5克　　湿淀粉50克　　烹调油100克
香醋5克　　芝麻油10克　　美极鲜味汁8克

烹制秘技

❶　将鲜贝治净，加精盐、料酒、湿淀粉拌匀待用。红柿椒治净，切成菱形片。芦笋治净，切成节，入沸水锅中汆断生，捞出待用。

❷　取碗放入精盐、姜茸、胡椒粉、美极鲜味汁、香醋、鲜汤、湿淀粉对成滋汁。

❸　锅置火上，放入烹调油烧至六成热时，下鲜贝炒散，加芦笋、红柿椒炒匀，烹入滋汁收汁，淋芝麻油起锅入盘即成。

厨房秘笈

在烹饪过程中，当锅内温度升高时烹入料酒，酒在高温中蒸发，可以去除食物中的腥味。

瘦身美容秘诀

芦笋有"蔬菜之王"的美称，富含蛋白质及多种氨基酸、维生素和甾体皂甙物质天冬酰胺，还含丰富的硒、钼、铬、锰等微量元素，具有调节机体代谢，提高身体免疫力的功效，多食有抗癌的作用，对高血压、心脏病、白血病、血癌均有疗效。长期食用芦笋有益脾胃，对人体许多疾病有很好的辅助治疗效果。

主料

魔芋豆腐100克
青柿椒30克
鲜贝200克
红柿椒30克

辅料

泡酸菜茸15克	味精2克
胡椒粉2克	精盐3克
烹调油80克	白糖2克
湿淀粉15克	香醋5克
芝麻油10克	姜茸10克
鲜汤20克	料酒10克

123

鲜贝魔芋

烹制秘技

1 将鲜贝治净,加料酒、湿淀粉拌匀。魔芋豆腐切成丁,入沸水锅氽煮,捞出待用。青柿椒、红柿椒分别治净,切成指甲片。

2 取碗放入精盐、胡椒粉、白糖、香醋、姜茸、鲜汤、湿淀粉、味精对成滋汁。

3 锅置火上,放入烹调油烧至七成热时,下鲜贝炒散,再放泡酸菜茸、青柿椒、红柿椒略炒,投入魔芋豆腐炒匀,烹入滋汁,淋入芝麻油即成。

厨房秘笈

　　解暑小窍门:在水中掺一些红葡萄酒,然后冻成冰块放入大麦茶饮之,解暑效果非常好。

瘦身美容秘诀

　　鲜贝营养丰富,含蛋白质、磷酸钙及维生素A、维生素B、维生素D等,尤其是锌含量较高,有益皮肤和头发健康。

124

鲜虾双素

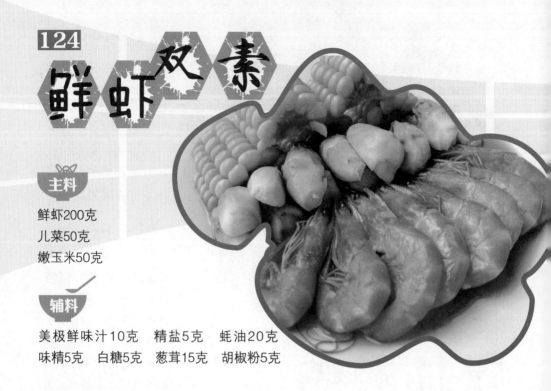

主料

鲜虾200克
儿菜50克
嫩玉米50克

辅料

美极鲜味汁10克　精盐5克　蚝油20克
味精5克　白糖5克　葱茸15克　胡椒粉5克

烹制秘技

1 将鲜虾治净。儿菜修去筋，切成为二瓣。嫩玉米治净，切成块。

2 取碗放入美极鲜味汁、蚝油、精盐、味精、葱茸、胡椒粉、白糖对成滋汁。

3 锅置火上，加清水烧开，分别将鲜虾、儿菜、嫩玉米煮熟，捞起装盘，淋上滋汁即成。

厨房秘笈

　　调味时首先要平衡各调料的分量，用量该多的要多，该强调的味要强调，目的是突出想要表达的主题，这样调出的味才有个性和品味。

瘦身美容秘诀

　　鲜虾子（虾卵）又名虾春，质松软鲜嫩，易消化，肾虚者可常食。多食助阳功效甚佳，对身体虚弱以及病后、产后等需要调养的人帮助极大。

主料

水发鱿鱼200克
菜薹100克
红柿椒20克

辅料

芝麻油20克　　葱丝10克
烹调油80克　　姜茸10克
精　盐 5 克　　味精5克
白　糖 2 克

125

鲜鱿炝菜薹

烹制秘技

1　将水发鱿鱼去膜洗净，切成二粗丝。菜薹择洗净，红柿椒治净，切成二粗丝。

2　锅置火上，放入烹调油烧至七成热时，下红柿椒、姜茸、葱丝炒出味，投入水发鱿鱼丝、菜薹，加精盐、白糖、味精炒断生起锅，淋芝麻油装盘即成。

厨房秘笈

如何将鸡蛋炒鲜嫩？将鸡蛋敲破倒入碗中，搅拌时加入少许温水，在倒入油锅里炒时，滴少许白酒，这样炒出的鸡蛋味道松泡、鲜嫩、可口。

瘦身美容秘诀

菜薹是十字花科蔬菜，又称菜心，味甘、性凉，入口清香滑嫩，每100克鲜菜中含水分94～95克、碳水化合物0.72～1.08克、全氮化合物0.21～0.33克、维生素C 34～39毫克，是地道的健康食品，食之有利于保持苗条身材。

主料

虾饺200克
苋菜100克
红柿椒30克

辅料

美极鲜味汁100克
精盐8克
白糖4克
味精5克
芝麻油10克
烹调油45克

126 **苋菜烩虾饺**

烹制秘技

1. 将苋菜择洗净,摘成6厘米长的节。红柿椒治净,切成一字条。

2. 锅置火上,放入烹调油烧至四成热时,下红柿椒、苋菜炒断生,倒入虾饺,下精盐、美极鲜味汁、白糖烩熟,下味精炒匀,淋芝麻油,起锅入盘即成。

厨房秘笈

　　巧去姜皮。姜的形状弯曲不平,体积又小,消除姜皮十分麻烦,可利用啤酒瓶盖周围的齿来削姜皮,既快又方便。

瘦身美容秘诀

　　苋菜又称为凫葵、荇菜、莕菜,富含蛋白质、脂肪、糖类及铁、钙和多种维生素,其中维生素K能合成红细胞中的血红蛋白,有促进凝血、造血等功能。成菜入口甘香,软滑味浓,有润肠胃、清热的效果。常食能强身健体,提高机体的免疫力,有"长寿菜"之称。

香菇百合

主料

百合100克
香菇100克
红柿椒30克

辅料

鲜汤100克　姜茸20克
湿淀粉20克　鱼露10克
化鸡油50克　鲜汤50克
葱茸10克　味精3克
白糖3克

烹制秘技

1. 将百合择洗净，放入温水中泡软。香菇去蒂洗净，切成为二片。红柿椒切成马耳片。

2. 锅置火上，放入化鸡油烧四成热时，下葱茸、姜茸、红柿椒炒出香味，加鲜汤，下百合、香菇和白糖、鱼露等调味料烧熟，勾湿淀粉，放味精即成。

厨房秘笈

烹饪时，在醋里加几滴白酒，略加点盐调均匀，淋入烹制的菜肴中，成菜香气会更浓郁。

瘦身美容秘诀

香菇素有"山珍"之称。味道鲜美，香气沁人，营养丰富。是富含多糖、多种氨基酸和多种维生素的高蛋白、低脂肪食物。常食可提高机体免疫功能，延缓衰老，防癌抗癌，降血压、血脂和胆固醇，还对糖尿病、消化不良、便秘等有治疗作用。

128

香菇鲴鱼肚

主料

鲴鱼肚200克　香菇100克
儿菜100克

烹制秘技

辅料

海鲜酱30克　精盐3克　葱茸10克
湿淀粉20克　白糖5克　姜茸15克
烹调油50克　味精3克　胡椒粉2克
芝麻油10克　鲜汤400克

① 将鲴鱼肚治净。香菇去蒂，洗净，切成为二瓣。儿菜去筋，洗净。

② 锅置火上，放入烹调油烧至四成热时，下海鲜酱、姜茸、葱茸炒出味，烹入鲜汤，加鲴鱼肚、香菇、儿菜，下精盐、胡椒粉、白糖、味精烧熟，勾湿淀粉，淋芝麻油起锅入盘即成。

厨房秘笈

在泡菜坛中放入适量花椒或少许麦芽糖、甘蔗节，可防止泡菜水出现白霉，即俗称"生白花"。

瘦身美容秘诀

鲴鱼又叫江团，肥沱。其肉嫩无细刺，味鲜美，富含脂肪。鲴鱼的鳔特别肥厚，干制后就是名贵的鲴鱼肚。特点是胶层厚，味醇正，色半透明，富含胶原蛋白，多食有利皮肤柔嫩细腻，是瘦身美容佳品。

129

香辣鱼肚丝

主料

冻冰鲨鱼肚200克
红油笋丝50克

辅料

红辣椒油20克　花椒油2克　姜茸10克　味精5克
干辣椒段10克　芝麻油10克　蒜茸15克　精盐10克
生抽酱油10克　辣鲜露10克　姜片10克　葱节10克

烹制秘技

❶　锅内加水，放葱节、姜片、精盐、干辣椒段，把冰冻鲨鱼肚放入煮软，捞起晾冷,切成二粗丝。

❷　取碗装入生抽酱油、味精、姜茸、蒜茸、辣鲜露调成味汁。

❸　红油笋丝垫底，铺上鲨鱼肚，装盘，浇上调好的调料，淋花椒油、红辣椒油、芝麻油拌匀即成。

厨房秘笈

烹制鱼肉、羊肉等腥味较重的荤菜时，放一些料酒可以除去腥味，使成菜味道鲜美可口。

瘦身美容秘诀

海带含有丰富的钙、碘、甘露醇、多不饱和脂肪酸和食物纤维，有降血压、利尿、消肿、预防心血管疾病、治疗甲状腺肿与癌症的功效。女性常吃海带可以使体内雌激素水平降低，纠正内分泌失调，恢复卵巢的正常机能，消除乳腺增生的隐患。肥胖者食用海带，既可减少饥饿感，又能从中获取多种氨基酸和无机盐，是很理想的减肥食品。

辅料

生抽酱油10克　醋2克
海鲜酱10克　精盐5克
湿淀粉15克　白糖3克
芝麻油5克　味精5克
烹调油80克　鲜汤30克

130

蟹丸炒双丁

烹制秘技

1. 将青笋、魔芋豆腐分别切成丁，入沸水汆断生，捞出待用。红柿椒去蒂洗净，切成菱形片。

2. 取碗放入精盐、白糖、生抽酱油、醋、味精、鲜汤、湿淀粉对成滋汁。

3. 锅置火上，放入烹调油烧至六成热时，投入蟹丸，加海鲜酱略炒，加青笋、红柿椒、魔芋豆腐炒熟，倒入滋汁炒匀，淋上芝麻油再炒匀，起锅入盘即成。

厨房秘笈

揭开螃蟹肚子上的壳，如果发现有黄澄澄的蟹黄，就是母螃蟹。蟹黄是螃蟹身上最好吃的东西，但要注意，死螃蟹是不能食用的。

瘦身美容秘诀

《本草纲目》记载：螃蟹具有舒筋益气、理胃消食、通经络、散诸热、清热、化淤、散淤血之功效。蟹肉性寒、滋阴，冠心病、高血压、动脉硬化、高血脂患者应少吃或不吃。

131 洋葱拌肚丝

主料

猪肚200克　洋葱100克
红柿椒10克　西芹10克

辅料

红辣椒油30克　精盐5克　味精3克
生抽酱油5克　香醋6克　白糖3克
芝麻油10克

烹制秘技

❶　将猪肚治净，放入沸水锅煮熟晾凉，切成片。洋葱治净，切成片，入沸水锅汆断生，捞出晾凉。西芹、红柿椒分别治净，切成粒。

❷　取盆放入猪肚、洋葱、西芹、红柿椒和红辣椒油、生抽酱油、精盐、香醋、味精、白糖、芝麻油等调味料拌匀，入盘即成。

厨房秘笈

烹猪肚时，将熟猪肚切成长块，放在碗里加一些鲜汤，上笼蒸一会儿，猪肚会发涨增厚1倍。

瘦身美容秘诀

夏天足部容易出汗，让人深感烦恼，每天用淡盐水泡脚可有效治愈汗脚。

132

洋葱炒鱿花

主料

鲜鱿鱼200克　洋葱100克
红柿椒30克

烹制秘技

辅料

精盐5克　胡椒粉3克　烹调油80克
味精3克　香叶粉5克　芝麻油10克
白糖5克　葱节20克　美极鲜味汁15克

❶　鲜鱿鱼撕去膜洗净，剞成花刀，切成三角块。洋葱撕去皮、蒂，切成片。红柿椒切成菱形片。

❷　锅置火上，放入烹调油烧至七成热时，下入鲜鱿鱼、红柿椒炒卷，下洋葱和葱节、精盐、胡椒粉、美极鲜味汁、白糖、香叶粉、味精等调味料炒熟，淋入芝麻油，起锅入盘即成。

厨房秘笈

烹炒花菜前，先用沸水汆断生，捞出沥干水分，再用之炒肉片，即可保持花菜本色。如果炒时加少许牛奶，更会使成菜色白脆嫩，美味可口。

瘦身美容秘诀

花菜的维生素C含量非常丰富，味道鲜美，有很高的药食价值，具有抗癌功效，平均营养价值及防病作用远远超出其他蔬菜。被美国《时代》杂志评为十大健康食品之一。

133

洋葱魔片

主料

红柿椒30克　魔芋豆腐100克
青柿椒30克　洋葱100克

辅料

精盐8克　胡椒粉3克　白糖4克　泡野山椒茸20克
香醋5克　烹调油60克　味精3克　芝麻油10克

烹制秘技

❶　将魔芋豆腐切成片，入锅汆煮，捞起晾凉，待用。洋葱、青柿椒、红柿椒分别治净，切成片。

❷　锅置火上，放入烹调油烧至六成热时，下青柿椒、红柿椒、泡野山椒茸、洋葱炒出味，加魔芋豆腐和精盐、胡椒粉、白糖、香醋等调味料炒熟，放味精，淋入芝麻油即成。

厨房秘笈

烹制回锅肉等菜肴时，要用旺火适量熬油，原料不能码芡。主料下锅炒出香味后才加配料和作料，并要快炒迅速起锅。

瘦身美容秘诀

面部长出色素斑后，可取鲜番茄汁、蜂蜜，按5∶1的比例混合调匀，涂抹于面部，过10分钟后洗净，连用10~15日，能促使黑色素分解，皮肤变白红润。

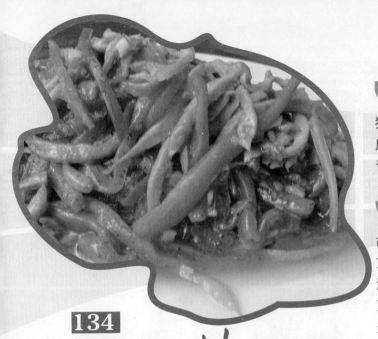

主料

猪腰200克
魔芋豆腐100克
青红椒50克

辅料

胡椒粉5克	白糖3克	醋 5 克
芝麻油10克	精盐5克	葱节10克
湿淀粉30克	味精5克	姜丝15克
烹调油80克	鲜汤20克	料酒10克
美极鲜酱油15克		

134

腰丝炒魔芋

烹制秘技

1. 将猪腰去膜对剖为两瓣，去净腰臊，切成二粗丝，加精盐2克、胡椒粉、料酒、湿淀粉20克拌匀。魔芋豆腐、青红椒分别切成二粗丝，魔芋豆腐入沸水汆断生，捞出待用。

2. 取碗放入精盐3克、美极鲜酱油、白糖、醋、鲜汤、味精、湿淀粉10克对成滋汁。

3. 锅置火上，放入烹调油烧至六成热时，投入猪腰丝炒散，下葱节、姜丝，加入魔芋豆腐丝、青红椒丝炒匀，烹入滋汁、淋入芝麻油炒匀，起锅入盘即成。

厨房秘笈

烹饪猪腰时，要用旺火、急火快炒。猪腰码芡要均匀，烹制出来味道才鲜嫩。

瘦身美容秘诀

中医认为猪腰性平，味咸，能补肾壮腰，固精缩尿。多食可缓解肾虚腰痛，头晕耳鸣，遗精盗汗，阳痿早泄，尿闭水肿或遗尿等症。

吃不胖的秘密——

135

银耳兰花

主料

银耳200克　西兰花100克

辅料

精盐8克　鲜高汤200克　藕粉15克

烹制秘技

❶ 将银耳择洗净，改成小块，入沸水锅煮熟。西兰花治净，改刀切成块。

❷ 锅置火上，加鲜高汤、精盐、西兰花煮断生，下银耳略煮，勾藕粉即成。

厨房秘笈

熬羊肉汤时，放入几块新鲜橘皮，不仅成菜味道鲜美，还可减少羊膻味和油腻感。

瘦身美容秘诀

高汤通常是指将鸡、鸭、鱼、猪腿骨等原料经过长时间熬制而成的，在烹调过程中代替水，加入到菜肴或汤羹中，目的是为了提鲜，使味道更浓郁。不同的高汤有不同的功效，比如骨汤抗衰老，鱼汤防哮喘，鸡汤抗感冒，海带汤御寒。

136

银耳魔片

主料

红柿椒30克　魔芋豆腐100克
青柿椒30克　银耳100克

辅料

精盐5克　香醋5克　海鲜酱20克　唥汁15克
味精3克　白糖4克　烹调油50克　芝麻油10克

烹制秘技

❶　将银耳用温水泡软，择洗净，切成小块，入沸水锅煮熟。魔芋豆腐切成薄片，入沸水锅余煮后备用。青柿椒、红柿椒治净，切成菱形片。

❷　锅置火上，放入烹调油烧至六成热时，下青柿椒、红柿椒、海鲜酱炒散，投入银耳、魔芋豆腐和精盐、唥汁、香醋、白糖等调味料炒匀，放味精，淋芝麻油即成。

厨房秘笈

煎蛋或饼时，用中火、热油，原料入锅后先煎一面至色黄质地酥脆时再翻面煎制，以保证成菜外酥内嫩或外绵软内细嫩。

瘦身美容秘诀

将啤酒和醋按2：1混合调匀，用毛巾吸湿涂抹头发，每日一次，连用半月.可使头发增亮。

主料

水果番茄50克
银耳100克

辅料

沙拉酱50克

137

银耳沙拉

烹制秘技

1. 将银耳用温水泡软，择洗净。水果番茄治净。

2. 银耳入锅，加清水煮断生，捞出晾凉，与水果番茄一起装盘，加沙拉酱拌匀即成。

厨房秘笈

炖鸡时加20~50颗黄豆同炖，可使鸡肉熟得快，而且味道鲜美。

瘦身美容秘诀

荔枝具有生津、益智、促气、养颜的作用，常吃荔枝可补脾、益肝、悦颜、生血、养心神，使人脸色红润，身体健康。

138

银耳素烩

银耳100克　白果50克

精盐10克　高汤150克　味精3克　湿淀粉15克

❶　将银耳用温水泡软，择洗净，放入清水锅煮熟。白果治净，入沸水锅煮熟。

❷　锅置火上，放入高汤、味精、精盐、银耳、白果煮入味，勾湿淀粉即成。

厨房秘笈

在肉丝、肉片中加少许水，炒出的成菜味道鲜嫩。

瘦身美容秘诀

龙眼含葡萄糖、蔗糖和维生素A、维生素B、蛋白质、脂肪和多种矿物质。可开胃益脾，养血安神，补虚长智。其含铁量也较高，可在提高热能、补充营养的同时，促进血红蛋白再生，是女性月事和产后最好的调养补益食品。

吃不胖的秘密——

SHOUSHEN瘦身菜　138

主料

水发鱿鱼200克　芹菜50克
胡萝卜50克

辅料

精盐5克　海鲜酱30克
白糖5克　生抽酱油10克
姜茸20克　芝麻油10克
胡椒粉7克　烹调油80克
味精5克

139

鱿鱼双丝

烹制秘技

1. 将水发鱿鱼、胡萝卜洗净，切成二粗丝。芹菜择洗净，切成节；胡萝卜洗净，切成条，分别入沸水汆断生待用。

2. 锅置火上，放入烹调油烧至五成热时，下海鲜酱、姜茸略炒，倒入水发鱿鱼、芹菜、胡萝卜，加精盐、白糖、生抽酱油、胡椒粉、味精，炒匀起锅入盘，淋芝麻油即成。

厨房秘笈

烹制鱿鱼前，先将鱿鱼放入沸水汆去腥味，断生后捞入温开水中浸渍，烹饪时沥尽水分，使用这样处理过的鱿鱼，成菜味道才鲜嫩。

瘦身美容秘诀

鱿鱼富含蛋白质及人体所需的氨基酸、牛磺酸、多肽和硒等微量元素，是一种低热量食品。多食可抑制人体中的胆固醇含量，有抗病毒、抵御辐射作用。中医认为，鱿鱼有滋阴养胃、补虚润肤的功能。

140

鱼唇炒洋葱

主料

鱼唇200克　洋葱100克
红柿椒30克

辅料

精盐5克　　胡椒粉5克
香醋5克　　芝麻油10克
白糖3克　　烹调油50克
味精5克　　喼汁20克
蒜茸15克　料酒20克
姜茸20克

烹制秘技

1. 将鱼唇治净，切成片，入沸水锅加料酒、姜茸汆煮，捞出待用。洋葱治净，切成片。红柿椒治净，切成菱形片。

2. 锅置火上，放入烹调油烧至六成热时，下红柿椒、姜茸、蒜茸略炒，放入鱼唇、洋葱和精盐、胡椒粉、喼汁、香醋、白糖等调味料炒熟，下味精炒匀，淋芝麻油，起锅入盘即成。

厨房秘笈

烹制烧牛肉时，应一次性加足水，烧制中途不宜再加水。如牛肉未烧软糯，可加啤酒，这样烧出的成菜味更香美。

瘦身美容秘诀

嫩蚕豆益气健脾，利湿消肿，营养丰富。富含膳食纤维、蛋白质、碳水化合物和钙、磷、钾、维生素B、胡萝卜素等多种有益健康的营养素，还含有丰富的磷脂和胆碱，有增强记忆、健脑的作用。作为低热量食物，蚕豆是高血脂、高血压和心血管疾病患者的优质绿色食品，也是抗癌食品之一，对预防肠癌有作用。

141

鱼肚炒双椒

主料

水发鱼肚200克   洋葱50克
魔芋豆腐50克   青柿椒20克
红柿椒20克

辅料

精盐5克   蒜茸15克   芝麻油10克
味精4克   姜茸10克   烹调油80克
美极鲜味汁15克   胡椒粉3克

烹制秘技

❶　将水发鱼肚治净，切成片。洋葱、青柿椒、红柿椒、魔芋豆腐分别切成片，魔芋豆腐入沸水锅氽后捞出待用。

❷　锅置火上，放入烹调油烧至五成热时，下青柿椒、红柿椒、蒜茸、姜茸、洋葱炒出味，倒入水发鱼肚、魔芋豆腐和精盐、胡椒粉、美极鲜味汁、味精等调味料炒匀，淋芝麻油，起锅入盘即成。

厨房秘笈

炖牛肉时，将10克茶叶用纱布包好，放入锅中与牛肉同煮，牛肉很快就软熟。用此法炖牛肉不但耗时短，而且炖出的牛肉味道鲜美。

瘦身美容秘诀

柚子含有大量维生素和果胶，常食能缓解动脉血管壁的损伤，使心血管系统健康运转，并使人体皮肤色斑减退，皮肤更紧致，从而保持人体的身材苗条健美。

142

鱼肚魔芋片

主料

水发鱼肚200克　青柿椒20克
魔芋豆腐100克　红柿椒20克

辅料

芝麻油10克　鱼露15克　姜茸20克　精盐6克
烹调油50克　葱茸15克　蒜茸20克　味精3克

烹制秘技

❶　将水发鱼肚治净，切成片；魔芋豆腐切成同样的片，分别用鲜汤氽后捞出，待用。青柿椒、红柿椒治净，切成骨排片。

❷　锅置火上，放入烹调油烧至五成热时，下青柿椒、红柿椒、姜茸、蒜茸、葱茸炒出香味，倒入水发鱼肚、魔芋豆腐、精盐、鱼露炒入味，下味精炒匀，淋芝麻油，起锅入盘即成。

厨房秘笈

使用抽油烟机前可将薄薄的塑料袋放入油盒内，贴紧盒壁，待盒中残油装满后取出袋子，换上新袋。这样既解决了油污清洁不净的烦恼，又利用了废塑料袋，还可节省清洗油烟机的时间。

瘦身美容秘诀

桑葚含丰富维生素C，有润燥生津，滋阴补血的功效，常吃可以治肝肾不足，失眠多梦，便秘等，是美容健身佳果。

吃不胖的秘密——

143 鱼肚炒魔丁

主料

鱼肚200克　魔芋豆腐100克
青柿椒30克　红柿椒30克

辅料

精盐5克　海鲜酱25克　胡椒粉5克　白糖５克
味精3克　湿淀粉10克　鲜汤100克　烹调油50克

烹制秘技

❶　将鱼肚治净，切成丁。魔芋豆腐切成同样的丁，入沸水锅汆煮，捞出待用。青柿椒、红柿椒分别治净，切成指甲片。

❷　锅置火上，放入烹调油烧至五成热时，下海鲜酱、青柿椒、红柿椒略炒，加鲜汤、鱼肚、魔芋豆腐和精盐、胡椒粉、白糖、味精等调味料烧入味，勾湿淀粉，起锅装盘即成。

厨房秘笈

蒸鱼时要用旺火，等水烧沸腾后才将鱼入笼，并将锅盖盖严。这样蒸出来的鱼才会新鲜可口，香味纯正。

瘦身美容秘诀

菠菜中含有丰富的胡萝卜素、维生素C、维生素E、钙、磷等成分，均为人体必需的营养物质；其所含铁质对缺铁性贫血有辅助治疗作用，是较好的补血蔬菜。菠菜还含有大量的植物粗纤维，能有效促进肠道蠕动、利于排便，且能促进胰腺分泌，通肠导便、防治痔疮。以菠菜捣烂取汁，每周洗脸数次，连续使用一段时间，可清洁皮肤毛孔，减少皱纹及色素斑，保持皮肤光洁。

144

鱼肚青笋

主料

鱼肚200克
青笋50克
胡萝卜50克

辅料

鲜汤 200 克　精盐 8 克
湿淀粉 15 克　胡椒粉 3 克

烹制秘技

1. 将鱼肚切成一字条，用鲜汤煨煮后待用。青笋、胡萝卜治净，切成同样的条，入沸水锅氽断生，捞出待用。

2. 锅置火上，放入鲜汤、鱼肚、青笋、胡萝卜、精盐、胡椒粉煮入味，勾湿淀粉即成。

厨房秘笈

炒、煮绿色蔬菜水分不够时只能加开水，不能加冷水，否则会使成菜入口老绵，口感变差。

瘦身美容秘诀

菠萝的果肉中含有一种独特的酶，能分解蛋白质。因此，在吃了大量肉类菜肴后，再嚼上几片鲜菠萝，可以帮助消化。

145

玉兰唇片

主料

鲜鱼唇200克
青柿椒30克
红柿椒30克
鲜笋100克

辅料

海鲜酱30克　　精盐5克　　蚝油15克　　白糖2克
烹调油80克　　味精5克　　蒜茸15克　　芝麻油10克

烹制秘技

1. 将鲜鱼唇治净，切成片，入鲜汤汆断生。鲜笋切片，入沸水汆后待用。青柿椒、红柿椒切成菱形片。

2. 锅置火上，放入烹调油烧至六成热时，下青柿椒、红柿椒、海鲜酱烧散，加鱼唇、鲜笋和精盐、蚝油、蒜茸、味精、白糖等调味料炒匀，淋芝麻油，起锅入盘即成。

厨房秘笈

"横切牛羊，竖切猪，斜切鸡"，这是不同肉类的加工方式。要想让肉容易切，且切出来整齐又好看，就要将冻肉从冷冻室拿出来解冻，在冰还没有完全融化，肉还有些硬度的时候时下刀。

瘦身美容秘诀

甘蔗含糖量高，浆汁甜美，被誉为"糖水仓库"，具有滋养润燥、清热润肺、健肝脾等功效，可以为人体提供丰富的热量和营养。此外，咀嚼甘蔗还能保护牙齿和锻炼口腔肌肉，进而有美容的作用。

主料

鲜蹄筋200克　　鲜笋100克
红柿椒30克　　西兰花50克

辅料

白糖4克
精盐10克
料酒50克
姜茸20克
胡椒粉5克
鲜汤500克
湿淀粉25克
芝麻油20克
海鲜酱25克

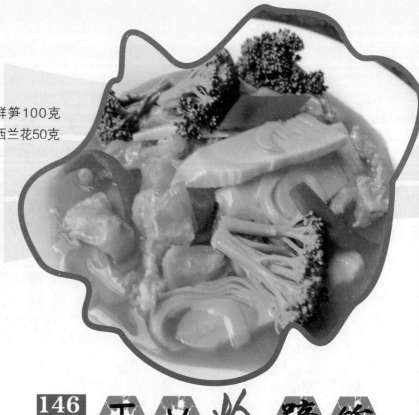

146 玉兰烩蹄筋

烹 制 秘 技

1. 将鲜蹄筋撕去油膜，洗净，切成6厘米长的条。鲜笋治净，切成6厘米长的片。西兰花切成块。红柿椒切成耳片。

2. 锅置火上，加鲜汤，放入鲜蹄筋和精盐、白糖、胡椒粉、料酒、海鲜酱、姜茸等调味料烧熟，倒入鲜笋、西兰花、红柿椒烧熟，勾湿淀粉，淋入芝麻油，起锅入盘即成。

厨房秘笈

鸡汤炖好后，应在食用前才加盐。因为鸡肉中含水分较高，如果炖鸡先加盐，鸡肉组织细胞内的水分子会向外渗透，加速蛋白质凝固，使鸡肉收缩变紧，影响营养物质向汤内溶解，且煮熟后的鸡肉硬、老、粗，口感不好。

瘦身美容秘诀

坚持每天晚上用鸡蛋清擦脸，一小时后用清水洗掉，皮肤会越来越娇嫩。

147

玉兰魔芋丝

主料

鲜笋100克
魔芋粉丝100克

辅料

精盐10克　　烹调油50克　　胡椒粉5克
姜茸10克　　芝麻油10克　　蒜茸10克
味精5克

烹制秘技

❶ 将鲜笋洗净，切成6厘米长的片，入沸水汆去异味待用。

❷ 锅置火上，放入烹调油烧至五成热时，下蒜茸、姜茸略炒，加鲜笋片、魔芋节和精盐、胡椒粉、味精等调味料炒入味，淋芝麻油炒匀，起锅入盘即成。

厨房秘笈

炒土豆丝时，加少许清水，炒出来的土豆丝味鲜爽口，脆嫩不腻。

瘦身美容秘诀

魔芋是一种多年生草本植物，地下的圆形球茎含大量淀粉，煮熟冷却后呈半透明状。作为食品，其几乎不含热量，被人们称为"胃肠清道夫"，为天然的高纤维、低热量绿色健康食品。具有降血糖、降血脂、降压，排毒、通便、开胃、养颜、减肥等功能。

148

玉片兰花

 主料

鲜笋100克　西兰花100克

辅料

精盐8克　蒜茸25克　味精3克　美极鲜味汁10克
白糖5克　姜茸15克　芝麻油10克　烹调油50克

烹制秘技

❶ 将鲜笋治净，切成6厘米长的片。西兰花治净，改成小块分别入沸水氽断生，捞出待用。

❷ 锅置火上，放入烹调油烧至五成热时，下蒜茸、姜茸略炒，倒入鲜笋、西兰花和精盐、美极鲜味汁、白糖、味精等调味料炒入味，淋芝麻油，起锅入盘即成。

厨房秘笈

醋的妙用：炖排骨时滴几滴香醋，可以加快排骨成熟，缩短烹饪时间，同时可促使排骨中的钙、磷、铁等矿物质溶解在汤中，利于人体吸收，营养价值更高。

瘦身美容秘诀

姜能抗衰老，老年人常吃生姜可除去老年斑。因为生姜中的姜辣素进入人体内后，能产生一种抗氧化酶，它有很强的抗氧化能力。

149

玉笋三素

鲜笋100克　洋葱50克
魔芋粉丝50克

辅料

精盐5克　唔汁10克　胡椒粉5克　烹调油50克
味精5克　姜茸15克　葱茸10克　芝麻油5克

烹制秘技

❶　将鲜笋治净，切成6厘米长的片，入沸水锅氽煮，捞出待用。洋葱治净，切成同样的片。

❷　锅置火上，放入烹调油烧至六成热时，下洋葱、姜茸、葱茸炒出味，下鲜笋、魔芋粉丝、精盐、胡椒粉、唔汁炒匀，放入味精，淋芝麻油炒匀，起锅入盘即成。

厨房秘笈

煮熟的肉一次用不完，在剩下的肉的切口处涂上一些葡萄酒，然后用保鲜膜包好放进冰箱，即可保持肉质新鲜，延长保质期限。

瘦身美容秘诀

竹笋是低脂肪、低糖、多纤维的食物，有清热化痰、益气和胃、治消渴、利水道、利膈爽胃等功效。食用竹笋能促进肠道蠕动，帮助消化，去积食，防便秘，预防大肠癌。竹笋含脂肪、淀粉很少，属天然低脂、低热量食品，是瘦身减肥的佳品。

主料

基围虾400克

辅料

白糖10克
姜片15克
陈皮15克
清水100克
烹调油100克

150

元宝虾

烹制秘技

1. 锅置火上，放烹调油烧至六成热，下基围虾炸制外酥内嫩，捞起沥干。

2. 锅置火上，加清水、白糖、姜片、陈皮熬制成糖姜汁，倒入炸好的基围虾快速翻炒，使糖液均匀沾满虾身，起锅装盘即成。

厨房秘笈

初加工黄鱼时，不必剖腹，可用两根筷子从鱼嘴插入鱼腹，夹住肠子后顺着一个方向搅数下，往外拉出肠肚，然后洗净即可。

瘦身美容秘诀

茄子是一种物美价廉的蔬菜，含有蛋白质、脂肪、碳水化合物、维生素以及钙、磷、铁等多种营养成分，此外还含有大量的维生素P、龙葵碱、维生素E，常吃茄子可稳定血液中的胆固醇含量，延缓人体衰老；还可以预防高血压引起的脑溢血和糖尿病引起的视网膜出血，保护心血管、抗坏血酸，防治胃癌。

主料

带皮鲜笋300克

辅料

芝麻酱50克
海鲜酱20克
精盐8克

151

原味手剥笋

烹制秘技

1. 将带皮鲜笋洗净，放入清水中煮熟，切为二片，摆放于盘中。
2. 取碟将芝麻酱、海鲜酱、精盐对成味汁，即可蘸食。

厨房秘笈

　　取乌梅、小枣、陈皮各适量，加冰糖煮成汤，冷却后放入西瓜丁，一道非常开胃消暑的消暑汤就大功告成。

瘦身美容秘诀

　　韭菜含有丰富的纤维素，可以促进肠道蠕动、预防大肠癌的发生，减少对胆固醇的吸收，起到预防和治疗动脉硬化、冠心病等疾病的作用。同时具健胃、提神、止汗固涩、补肾助阳、固精等功效。

主料

水果黄瓜300克

辅料

甜面酱50克
海鲜酱30克
花生酱50克

152

蘸酱黄瓜

烹制秘技

1 水果黄瓜洗净，顺切成条，放入盘内。

2 取碗放入甜面酱、海鲜酱、花生酱调制成蘸酱，用小蝶装好。

3 食用时，取黄瓜条蘸食即可。

厨房秘笈

味精在120℃时会分解成谷氨酸钠，不仅没有鲜味，摄入过量还不利于人体健康。所以烹菜时，最好在起锅前才加入味精。

瘦身美容秘诀

花生仁含丰富的蛋白质、植物油脂、维生素E、精氨酸、油酸、锌、锰等营养物质，具有健脑益智、嫩肤美容，保护心血管，预防冠心病、中风、老年痴呆等作用，常食能减缓衰老，使人皮肤白嫩。

吃不胖的秘密——

153 胗片西芹

主料

鸡胗200克　西芹100克
红柿椒20克

辅料

酱油5克　料酒10克　美极鲜味汁10克　姜茸15克
精盐5克　鲜汤20克　芝麻油10克　香醋5克　白糖3克
味精3克　蒜片10克　湿淀粉50克　烹调油80克

烹制秘技

 ❶　将鸡胗去筋洗净，切成片，放入料酒、湿淀粉拌匀待用。西芹治净，切成节。红柿椒切成菱形片。

❷　取碗放入美极鲜味汁、酱油、精盐、香醋、白糖、味精、鲜汤、湿淀粉对成滋汁。

❸　锅置火上，放入烹调油烧至七成热时，下鸡胗片炒散，加蒜片、姜茸、红柿椒、西芹炒断生，烹入滋汁，淋芝麻油炒匀，起锅入盘即成。

厨房秘笈

蒸馒头前，发酵的面团中都要放入适量的食用碱，以除去酸味。检查面团的含碱量是否适中，可切一小块面团，如上面有芝麻大小均匀的孔，就说明施碱量是合适的，反之则不合适。

瘦身美容秘诀

膳食纤维有润肠，刺激肠胃蠕动，促进大便排泄，帮助消化的功能，常食可预防肠癌，促进人体对动物蛋白质的吸收。秋冬季节空气特别干燥，对人体皮肤伤害极大。白菜富含膳食纤维、维生素C、维生素E，常吃可以起到很好的护肤和养颜效果。

154

枝菇三素

主料

魔芋豆腐100克
西兰花100克
鲍菇菌100克

辅料

精 盐 5 克　　姜茸15克　　芝麻油5克
味 精 3 克　　唸汁15克　　烹调油50克
鲜汤200克

烹 制 秘 技

1. 将西兰花治净切成块。鲍菇净、魔芋豆腐分别切成一字条，魔芋豆腐入沸水汆后备用。

2. 锅置火上，放入烹调油烧至五成热时，下西兰花、鲍菇菌、魔芋豆腐略炒，烹入鲜汤，加精盐、姜茸、唸汁等调味料烧熟，下味精炒匀，淋芝麻油即成。

厨房秘笈

菜太辣，放些醋可减弱辣味；菜太苦，滴入少许白醋，可减少苦味。

瘦身美容秘诀

杏鲍菇质地脆嫩，口感绝佳，风味独特，清香袭人，被誉为"真菌皇后"，有"草原上的美味"之美称。其营养丰富，富含多种人体必需氨基酸，具有降血脂、降胆固醇、促进胃肠消化、改善肠胃功能和整肠美容的功效，能增强机体免疫能力、防止心血管疾病发生，是老年人、肥胖者的理想食品。